13219

ALBUM DU MARIN,
Par P.-C. Caussé,
Capitaine de Frégate, Membre de la Légion d'honneur.
Lith. de Charpentier à Nantes.
Publié à Nantes, par Charpentier Père, Fils & Cie.
1836.

BIBLIOTHEQUE ROYALE

A NANTES, Publié par CHARPENTIER Père, Fils & Cie Éditeurs.

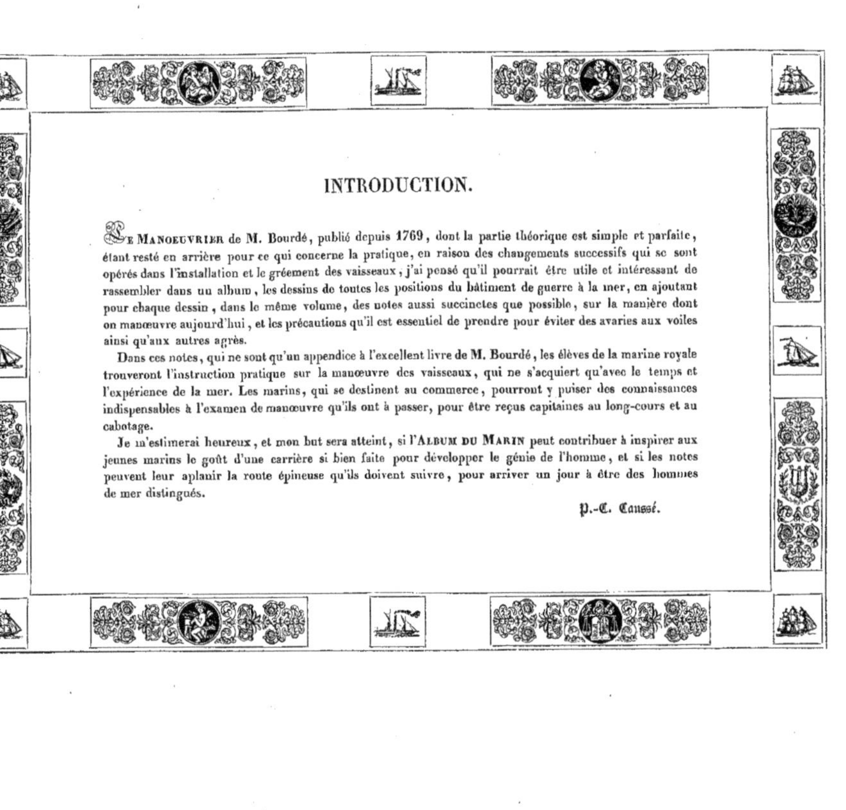

INTRODUCTION.

Le Manoeuvrier de M. Bourdé, publié depuis 1769, dont la partie théorique est simple et parfaite, étant resté en arrière pour ce qui concerne la pratique, en raison des changements successifs qui se sont opérés dans l'installation et le gréement des vaisseaux, j'ai pensé qu'il pourrait être utile et intéressant de rassembler dans un album, les dessins de toutes les positions du bâtiment de guerre à la mer, en ajoutant pour chaque dessin, dans le même volume, des notes aussi succinctes que possible, sur la manière dont on manœuvre aujourd'hui, et les précautions qu'il est essentiel de prendre pour éviter des avaries aux voiles ainsi qu'aux autres agrès.

Dans ces notes, qui ne sont qu'un appendice à l'excellent livre de M. Bourdé, les élèves de la marine royale trouveront l'instruction pratique sur la manœuvre des vaisseaux, qui ne s'acquiert qu'avec le temps et l'expérience de la mer. Les marins, qui se destinent au commerce, pourront y puiser des connaissances indispensables à l'examen de manœuvre qu'ils ont à passer, pour être reçus capitaines au long-cours et au cabotage.

Je m'estimerai heureux, et mon but sera atteint, si l'Album du Marin peut contribuer à inspirer aux jeunes marins le goût d'une carrière si bien faite pour développer le génie de l'homme, et si les notes peuvent leur aplanir la route épineuse qu'ils doivent suivre, pour arriver un jour à être des hommes de mer distingués.

P.-C. Caussé.

P. C. Causse — à Nantes, lith. de Charpentier père, fils & Cie édit.

L'appareillage.

NOTES DE L'ALBUM DU MARIN.

L'Appareillage.

Toutes les manœuvres à bord d'un bâtiment de guerre doivent se faire avec ensemble, promptitude et silence.

Avant de mettre sous voiles, l'officier doit avoir tout prévu pour se trouver en présence des événements qui peuvent survenir à la mer.

Les vivres, l'eau et les rechanges de toutes espèces étant à bord, il doit aussi s'assurer que les choses suivantes ont été exécutées.

Que le ridage des manœuvres dormantes soit bon, que les caliornes des bas mâts, les palans de roulis, les paillets et fourrures soient en place, ainsi que les pataras, si le grément est neuf et que l'on soit dans la mauvaise saison *.

Que la drome, la chaloupe, les canots, la cuisine et le four, soient bien saisis, ainsi que l'ancre qui est au grand panneau.

Que les mâts et itaques soient bien suivés, et les voiles étant enverguées sur les filières, qu'un raban d'envergure entre deux soit amarré sur la vergue, et les empointures renforcées, si l'on est dans la mauvaise saison.

Que le gouvernail ait ses mouvements libres ; que les pièces de celui de rechange, soient bien disposées dans la cale ; que la drosse soit bonne et que la barre de rechange, ses palans, coins pour saisir la tête du gouvernail, soient prêts à être mis en usage **.

Que les hublots d'entrepont et sabords des batteries soient bien garnis de frise ; que les fausses fenêtres des chambres, les barres pour les fixer, les coins pour boucher les hublots en cas d'événements soient placés à portée d'être mis en usage très-promptement.

Que les pompes soient en bon état, que le loch, les compas et ampoulettes de route aient été vérifiés ; que le baromètre soit en place ayant ses mouvements libres pour le gros temps.

Que tout ce qui tient au service du cabestan et des câbles, tels que tournevire, garcettes, crocs de chaîne, poulies pour faire marguerite au besoin soit prêt, que les clavettes des chaînes soient bien graissées, afin de pouvoir les démailler facilement, et qu'une ancre soit en mouillage.

Que les voiles de rechange, enveloppées dans leurs étuits, soient garnies de rabans, garcettes, branches de boulines, poulies de palanquins, et bien disposées dans la soute pour être promptement envoyées sur le pont. La voile d'étai de cape ou pouillouse, doit être placée en dessus de toutes les autres.

Que les amarres des canons, barres, aiguillettes de sabords, coins, faux sabords, cabrions pour placer sous les roues d'affûts, manches de volées, soient prêts.

Que le tirant d'eau soit pris en dedans et en dehors du bâtiment, un moment avant de mettre sous voiles, et que des sondes à mains soient placées dans les grands porte-haubans.

Que les rôles soient faits d'après les modèles de l'ordonnance de 1827 ;

* Les pataras étant délivrés en filin qui a déjà fait son effet, ils soutiendront le grément et l'empêcheront de beaucoup s'allonger, surtout s'il est neuf.

** Lorsque la tête du gouvernail est ronde, on ne peut employer les coins pour la saisir, on se sert alors d'un frein mécanique en fer, que l'on peut serrer à volonté, pour arrêter les mouvements du gouvernail et mettre la barre de rechange, dans le cas où celle en place viendrait à casser, par suite d'un mauvais temps.

que chaque homme connaisse son poste à la manœuvre et au combat, et que les montres marines soient à bord et bien réglées.

Le bâtiment étant sur un corps-mort, appareiller vent debout en abattant sur tribord.

1° Frapper un croupiat sur le corps-mort pour assurer l'abattée du bâtiment.

2° Larguer les huniers et perroquets, les border et hisser, laisser tomber les basses voiles sur leurs cargues; hisser le grand foc *, le border à bâbord. Au moyen d'une fausse écoute, on peut en porter le point vers le bout de la civardière, dans le cas où on ne ferait pas usage d'un croupiat pour abattre.

3° Brasser bâbord les voiles de l'avant et tribord celles de l'arrière.

4° Filer le corps-mort, filer les écoutes de focs et le croupiat, lorsque le bâtiment a décidé son abattée. Contre-brasser devant, border la brigantine, amurer les basses voiles et orienter au plus près du vent.

Si on doit faire vent arrière après l'appareillage, on brassera en ralingue derrière, sans toucher aux voiles de l'avant, bien disposées pour faire abattre promptement; dans ce cas, on conservera le croupiat jusqu'au moment où le bâtiment sera prêt à prendre de l'aire, et on orientera ensuite convenablement toutes les voiles.

Si on devait abattre sur tribord en appareillant, on brasserait tribord devant et bâbord derrière, en suivant le reste de la manœuvre comme on vient de l'indiquer.

Lorsqu'il vente grand frais, on fait prendre des ris avant d'appareiller, et l'on ne met pas les perroquets dehors.

Le bâtiment étant sur son ancre, appareiller avec vent debout.

Si rien ne l'empêche, on doit autant que possible abattre du côté opposé à son ancre, parce qu'il est plus facile de la mettre à poste après l'avoir dérapée; elle pourrait aussi faire obstacle à l'abattée du bâtiment et s'engager sous l'étrave.

1° Faire virer à long pic.

* S'il vente frais on ne hissera le grand foc que lorsque l'abattée sera décidée.

2° Larguer et orienter les voiles comme il a été dit précédemment.

3° Déraper, abattre et se tenir sous petite voile pour attendre que l'ancre soit traversée. Le bâtiment culant aussitôt que l'ancre est levée, on doit mettre la barre du gouvernail du côté de l'abattée pour la faciliter.

Lorsqu'il vente grand frais on fait prendre des ris avant de virer à long pic.

Le bâtiment étant sur un corps-mort, appareiller vent par le travers ou de l'arrière.

Lorsqu'on appareille avec le vent par le travers ou de l'arrière, le courant maîtrise le vent, on est ce qu'on appelle entre vent et marée; ou bien une ancre à jet mouillée et prise par l'arrière empêche le bâtiment d'éviter pour que l'appareillage soit plus facile.

1° Larguer et border ensemble toutes les voiles que le vent permet de porter sans nuire à l'appareillage.

2° Filer le corps-mort et le croupiat.

Lorsqu'il vente grand frais on fait prendre des ris avant de mettre sous voiles.

Si l'on est sur son ancre, l'appareillage est le même; cependant on ne doit faire de voiles que lorsque l'ancre est traversée.

Dans quelques circonstances de guerre on est quelquefois forcé d'appareiller sans prendre le temps de lever l'ancre; alors on coupe le câble sur la bitte, ou on démaille la chaîne pour la filer, si on est tenu avec un câble-chaîne.

On peut aussi y être forcé quand il vente grand frais, dans une rade où l'on est assez près de la côte pour avoir peu d'espace à culer: dans ce cas, après avoir abraqué le plus de câble possible, sans s'exposer à chasser, on établit les voiles qu'on peut porter, on continue à virer sur l'ancre et on n'attend pas d'être à pic pour couper le câble, dans la crainte de chasser avant d'abattre.

L'usage de hisser les huniers à tête de mât, qu'on semble avoir abandonné, est bien préférable dans cette circonstance, à la méthode de border les voiles avant de les hisser, parce qu'on présente moins de toile au vent, et qu'on peut orienter assez promptement pour faire prendre de l'aire au bâtiment avant qu'il ait le temps de culer.

Aujourd'hui l'usage général est de ne pas avoir de voiles d'étai envergueés ; on peut cependant se trouver en position de s'en servir avec avantage pour sortir d'un mauvais pas, en appareillant avec ces voiles et les focs, qui orientent deux quarts de rhumbs plus près que les voiles carrées.

Dans le combat, la grande voile d'étai peut devenir fort utile, si on se trouve démâté du petit mât de hune.

Quand le bâtiment est sous voiles, que ses ancres sont traversées, on doit s'empresser de faire mettre en place les haubans de beaupré, de minots, la fausse sous-barbe, et de bien rider ces manœuvres essentielles, d'où dépend la solidité du beaupré et de toute la mâture.

Lorsqu'on est éloigné de toute côte, on fait détalinguer les câbles si on doit faire une longue navigation. On fait aussi tapper les écubiers bien solidement et amarrer les ancres de bossoirs à poste fixe, ainsi que les ancres de porte-haubans. Quand les ancres ont des chaînes, elles ne sont point détalinguées, on les relève le long du bord.

Les localités et les difficultés qu'on peut rencontrer pour abattre, peuvent rendre l'appareillage difficile et exiger des préparatifs pour se touer ou se laisser culer. On ne parlera pas de ces cas exceptionnels qui demanderaient de plus longs développements qu'on ne peut en donner dans ces notes.

Pl. 2

Le Mouillage.

Le Mouillage.

Un bâtiment de guerre qui vient au mouillage avec un temps maniable, doit avoir beaucoup de voiles dehors, arriver avec de l'aire et manœuvrer pour carguer tout à la fois, en laissant tomber l'ancre. On doit donc prendre les dispositions convenables pour faciliter cette manœuvre, qui doit s'exécuter très-promptement et avec ensemble.

Comme rien ne doit gêner les ancres et qu'elles doivent être prêtes à mouiller au commandement du capitaine, on s'assurera à l'avance si les choses suivantes ont été exécutées :

Que les bittures soient prises de chaque ancre de bossoir quand on a des câbles en chanvre *.

Que les chaînes ne soient pas engagées dans les puits, qu'aucun tour n'ait chevauché sur celui qui le précède, ce qui peut arriver à la mer dans les grands mouvements du bâtiment; pour s'en assurer, on peut faire monter les premiers plis de la chaîne.

Que les haubans de beaupré, de minots et la fausse sous-barbe soient enlevés ; que les écubiers soient détappés et parfaitement libres.

Que les ancres de bossoirs soient garnies de bouées et d'orins, de longueur convenable pour le fond sur lequel on doit mouiller.

Que le cabestan, ses barres, tournevire, bosses, stoper et crocs de chaîne; garcettes, aussières, grelins, soient prêts, ainsi que les objets nécessaires pour démailler la chaîne.

Prendre le mouillage, le bâtiment étant sous toutes voiles, le vent par le travers ou au plus près.

1° Carguer les deux basses voiles peu de temps avant d'arriver au lieu du mouillage, qu'on doit relever au vent. Faire penau de l'ancre **.

2° Amener les voiles ensemble, les carguer, hâler bas les focs, masquer le perroquet de fougue, border la brigantine et mettre la barre dessous.

Avant que le bâtiment ait entièrement perdu son aire, laisser tomber l'ancre, brasser carré les vergues, que l'on dresse immédiatement sur les bras et balancines.

3° Sitôt l'ancre au fond, faire monter l'équipage pour serrer les voiles; on conserve quelquefois le perroquet de fougue masqué, jusqu'à ce que le bâtiment soit affourché.

Lorsqu'on vient au mouillage vent arrière ou grand largue, avec un gros temps, et que l'on n'a pas assez d'espace pour prendre le tour nécessaire afin d'amortir l'aire du bâtiment, on frappe des bosses cassantes sur les bittures des ancres de bossoirs, ensuite on cargue et serre les voiles de bonne heure, pour arriver au mouillage avec le moins de vitesse possible. Quand les ancres sont au fond, les bosses en cassant l'une après l'autre, amortissent l'aire du bâtiment avant que les bittures soient rendues.

Si on doit prendre un corps-mort, on mouillera le plus près possible, sans toutefois engager l'ancre dans ses chaînes. Avec un vent maniable on peut se dispenser de mouiller, en envoyant un canot porter d'avance sur le corps-mort une aussière, dont il rapporte le bout à bord et qu'on hâle promptement.

Pour que les huniers se carguent plus facilement en arrivant au mouillage, quelques officiers font défrapper les écoutes de hune; cette mesure peut avoir des inconvénients graves, si on manque le mouillage et qu'il faille rétablir les voiles pour le reprendre.

Lorsqu'on est mouillé avec un cable-chaîne, on reste souvent sur une grande touée, sans s'affourcher; dans les temps ordinaires le bâtiment tourne autour de son ancre sans passer dessus, car la chaîne par son poids

* Lorsque ce sont des câbles-chaînes qui sont étalingués sur les ancres, on prend le tour de bitte au commencement de la bitture, pour éviter que la chaîne tombe en paquet sur l'ancre et la casse, ce qui est souvent arrivé quand on n'avait pas cette précaution qui empêche la chaîne de se filer avec trop de vitesse. Quelques bâtiments ont le passage des chaînes assez libre, pour dispenser de prendre la bitture, la chaîne se file du puits même; on doit cependant laisser une ou deux brasses de mou en avant de la bitte.

** A bord de beaucoup de bâtiments, on se sert de mouilleurs mécaniques, qui permettent de laisser tomber l'ancre sans faire penau.

et sa résistance sur le fond, ne se roidit jamais. Quand on n'est pas gêné par d'autres bâtiments et que l'on doit être peu de temps au mouillage, on peut rester ainsi; mais il ne serait pas prudent de négliger de s'affourcher, si on devait y rester long-temps; car dans le mauvais temps le bâtiment pourrait passer sur son ancre et la déplanter; puis les abordages avec les bâtiments voisins seraient à craindre *.

* Voir l'ordon. de 1827, p. 192, ch. 1er de la sûreté de la conservation du bâtiment sur rade.

Si on vient au mouillage avec l'intention de combattre, on doit faire embossure avec des grelins frappés sur l'organeau de chaque ancre de bossoir (on met quelquefois les deux grelins sur la même ancre); ces embossures servent à présenter le travers du bâtiment vers l'endroit où l'on veut diriger son feu; il suffit pour cela de filer du cable en virant au cabestan sur le grelin qui doit y être garni à l'avance.

Affourcher à la Voile.

Pour être bien affourché dans une rade quelconque, il faut que les ancres soient en barbe et travaillent ensemble pour les vents qui y sont le plus à craindre.

Lorsqu'on vient au mouillage avec l'intention d'affourcher à la voile, on doit savoir dans quelle direction les deux ancres doivent se relever; aussi est-il peu de circonstances où l'on puisse bien affourcher de cette manière, puisqu'il faut que la direction et la force du vent, permettent au bâtiment de se ranger dans la ligne de relèvement selon laquelle on doit mouiller, et qu'il conserve assez d'aire pour la parcourir entièrement en filant sa chaîne. On peut affourcher à la voile de deux manières : 1° Mouiller une ancre et filer la chaîne sur l'aire du bâtiment, en conservant assez de voiles pour aller mouiller la seconde ancre au point de relèvement de la direction où l'on doit affourcher; virer ensuite au cabestan sur la chaîne de la première ancre mouillée pour égaliser les touées.

2° Mouiller une ancre au bout de l'aire du bâtiment, culer en conservant des voiles sur le mât, et filer la chaîne dans la direction où l'on doit affourcher si toutefois elle est la même que celle du vent; laisser tomber la seconde ancre et virer au cabestan sur la chaîne de la première pour égaliser les touées.

Chaque chaîne des ancres de bossoir ayant 180 brasses de longueur, on peut mouiller l'une ou l'autre la première, quand on manœuvre pour affourcher à la voile.

Autant que possible on doit avoir un maillon de jonction de chaque chaîne à la bitte, pour faciliter la manœuvre de ces chaînes, lorsqu'on dépasse les tours qui se forment dans les évitages du bâtiment.

L'anneau à trois maillons que l'on donne pour joindre les chaînes d'affourche en dehors du bord, afin d'empêcher qu'elles fassent des tours dans les évitages du bâtiment, n'offre pas la même solidité que les deux chaînes tournées à la bitte; car le bâtiment se trouve tenu par une seule chaîne au lieu de deux. L'usage de cet anneau ne peut donc être autorisé que dans la belle saison et dans les bonnes rades.

Sitôt qu'un bâtiment est mouillé, on doit prendre les relèvements du mouillage non-seulement sur l'avant du bâtiment, mais aussi, sur chaque bouée mise à pic de l'ancre.

Pl. 3

Le plus près du vent.

Pl. 4.

Le plus près du vent.

Le plus près du Vent.

Les vaisseaux peuvent aujourd'hui orienter leurs voiles sous des angles très-aigus dans la route du plus près du vent ; mais on se tromperait cependant, et c'est une erreur dans laquelle on tombe souvent, si en brassant les vergues on dépassait la limite posée par la théorie, qui veut que la tangeante de l'angle d'incidence du vent sur la voile, soit double de la tangeante de l'angle que la vergue fait avec la quille (*Manœuvrier, page 24 et 27*) ; car au lieu d'augmenter la vîtesse, on la diminuerait en rendant la dérive plus forte. Un bâtiment ainsi orienté serait ce qu'on appelle bridé, il suffirait d'appuyer les bras du vent pour lui rendre toute la vîtesse dont il est susceptible.

Un vaisseau bon voilier qui louvoie pour gagner au vent, oriente parfaitement, lorsque la quille fait un angle de 6 rhumbs ou 67° 30' avec la direction du vent ; quand la mer est belle il oriente même à 5 rhumbs 1/2 ou 61° 52' ; ainsi d'après la théorie précitée on ne peut brasser les vergues sous un angle plus petit que 22° avec la direction de la quille. (*Voir la table dans le Manœuvrier, page* 37.)

La girouette n'indiquant que la direction apparente du vent dans les routes du plus près, à cause de la vîtesse du bâtiment qui tend à la ranger dans la direction de la quille, il faut compter qu'elle marque de 10 à 12 degrés les vents plus de l'avant que la direction réelle ; aussi lorsqu'elle paraît faire un angle très-aigu avec la vergue de perroquet, et même en suivre la direction, la voile est pleine et bien orientée pour le vent régnant et la plus grande vîtesse, si toutefois on n'a pas dépassé la limite posée par la théorie, en brassant les vergues outre mesure.

Lorsqu'on est au plus près du vent avec bonne brise et de la mer, les galhaubans de travers et les bras du vent doivent être fortement appuyés * ; les arcs-boutans poussés, si l'on a des ris pris, il faut particulièrement rider les galhaubans de racage. Les bras de sous le vent doivent avoir du mou sans cesser d'être tournés à leurs taquets, cette dernière précaution est essentielle en cas d'une saute de vent.

Il faut autant que possible que le bâtiment ne soit pas trop mou ni trop ardent ; en filant quelques pieds d'écoutes de focs, ou de brigantine et de grande voile, on rétablit l'équilibre entre les voiles de l'avant et celles de l'arrière.

Quand les mouvements de tangage sont durs et vifs, il faut mollir la barre du gouvernail et la laisser aller sous le vent, afin que le bâtiment obéisse librement à la lame, dont le choc devient moins violent et occasione de moins fortes secousses à la mâture et au gouvernail.

Lorsqu'on est au plus près du vent et que, par inattention, ou par suite d'un changement de vent, on vient à masquer les voiles de l'avant ; si le bâtiment n'arrive pas après avoir mis la barre au vent, filé l'écoute de brigantine et traversé les focs, on ne doit pas hésiter de faire lever les lofs de misaine et contrebrasser devant ; si le bâtiment n'a plus de sillage, on dresse la barre ; s'il cule, on la met dessous. Cette manœuvre faite à propos est infaillible, le bâtiment arrive ; mais il est défendu de la faire lorsque plusieurs bâtiments sont en ordre de marche ; dans ce cas, celui qui masque doit virer vent devant et forcer de voiles pour reprendre son poste.

Un bâtiment bien voilé doit avoir le centre d'efforts des voiles à la hauteur du point vélique ; ce point s'obtient par la rencontre de la résultante de la résistance que l'eau oppose à la proue du bâtiment naviguant en ligne directe, et la verticale qui passe par le centre de gravité de la carène.

Soit HO, figure 1, la ligne de flottaison ; G, le centre de gravité de la carène ; le bâtiment suivant une route directe, la résistance du fluide sur la proue AB, qui est oblique, se fera dans une direction BV, qui tendra à relever l'avant du bâtiment, et dans le plan qui passe par la quille et la verticale GV, qui passe ainsi par le centre de gravité de la carène. Le point V où elle coupe cette verticale, est le point vélique.

Il n'y a de point vélique que dans les routes directes ; car dans les routes

* A bord des grands bâtiments, les galhaubans de travers sont ordinairement à palans ; mais pour qu'ils soient bien ridés à la mer, il est nécessaire qu'ils aient d'autres palans frappés sur leurs garants.

obliques, au plus près du vent, ou largue le bâtiment inclinant plus ou moins, la résultante de la résistance du fluide sur la carène, se fait dans un plan qui passe au vent de la verticale GV, et ne peut par conséquent la rencontrer.

Dans un bon système de mâture, le centre d'efforts des voiles doit être placé à la hauteur du point vélique; car s'il était au-dessus, les voiles tendraient à faire plonger l'avant du bâtiment, et au contraire elles tendraient à le faire relever, s'il était au-dessous; ce qui dans les deux cas doit diminuer la vitesse, parce qu'il y a de la force perdue pour vaincre la résistance du fluide sur la proue. (*Encyclopédie*, article Marine.)

Pl. 5.

P. C. Caussé.

à Nantes, Lith. de Charpentier père fils & Cie Edit.

Le vent largue.

Le vent largue.

Le Vent largue.

Un bâtiment est largue lorsque la direction du vent fait avec la route un angle de plus de 6 rhumbs ou 67°30'. Plus cet angle augmente, plus le vent devient favorable. Lorsque toutes les voiles portent, que celles de l'arrière ne couvrent pas celles de l'avant, la vitesse du bâtiment doit être arrivée à son maximum; les vents sont alors à peu près deux quarts de rhumbs plus de l'arrière que la perpendiculaire à la route. Pour savoir de combien de degrés on doit ouvrir les voiles à mesure que les vents adonnent ou viennent plus de l'arrière, il faut consulter la table du *Manœuvrier*, page 37. Elle est dressée d'après les principes de la théorie des tangentes des angles d'incidence dont on a déjà parlé à l'article du plus près.

Dans la pratique, on est généralement dans l'usage de brasser les vergues au vent d'un quart de rhumb par chaque deux rhumbs, que les vents adonnent ou viennent de l'arrière; on brasse sous le vent de même s'ils refusent ou viennent de l'avant; cette méthode est d'une exactitude suffisante dans la pratique, et peut être facilement suivie par l'officier de quart.

Avec le vent largue on porte des bonnettes; avant de les établir il faut fortement appuyer les bras du vent. A bord d'un bâtiment de guerre, où toutes les manœuvres doivent être faites avec ensemble; en même temps que l'on pousse les bouts-dehors on hisse les bonnettes. Lorsqu'on doit les amener, on les hâle bas toutes à la fois, et si on ne doit plus les remettre, les bouts-dehors sont rentrés avec les bonnettes et les amures relevées sur les vergues.

Lorsqu'il vente très-frais, le bâtiment atteint souvent sa plus grande vitesse sans le secours des bonnettes; en les mettant dehors on ne fait que surcharger la mâture, faire incliner davantage la carène, et par conséquent nuire à la marche.

Il ne faut pas oublier que la mâture et les vergues doivent être parfaitement appuyées par les bras et les galhaubans de travers. Sous l'allure du vent largue le bâtiment a peu de mouvement, parce qu'il se soustrait à l'action de la mer en faisant un grand sillage; la mâture ne fatigue presque pas, et on ne doit pas craindre de faire beaucoup de voiles.

12

Pl. 7

P.C. Cosseé — Nantes lith. de Charpentier [illegible]

Le vent arrière!

Le vent arrière

Le Vent arrière.

Un bâtiment est vent arrière lorsque la direction du vent suit celle de la route; on oriente les voiles perpendiculairement à la quille, et on porte des bonnettes des deux bords; mais il n'y a guère que les voiles de l'arrière qui reçoivent directement l'impulsion du vent. Sous cette allure on roule beaucoup, parce que le vent n'appuie pas le bâtiment; il est nécessaire de maintenir les vergues par leurs drosses et palans de roulis, et la mâture par les galhaubans de travers. Souvent on cargue les voiles de l'avant qui ne portent pas, pour les préserver du frottement continuel sur les mâts et le gréement. On cargue aussi le perroquet de fougue, qui masque une partie des voiles du grand mât.

Vent arrière on porte les cacatois avec une grande brise, parce que le bâtiment se soustrait d'autant plus à l'impulsion du vent que sa vitesse est grande.

Il est très-difficile de tenir le bâtiment en route; de gros temps il fait d'ordinaire de grandes embardées, que l'action du gouvernail ne peut pas toujours maîtriser assez promptement, quelles que soient la bonté et la vigilance du timonier.

à Nantes, Lith.ie de Charpentier père fils & C.ie Edit.

Virer de bord vent devant.

Virer de bord vent devant.

On vire de bord vent devant pour s'élever au vent. Quand cette manœuvre est exécutée comme on va l'indiquer, elle est prompte et le bâtiment ne cesse pas de courir de l'avant pendant l'évolution.

1° Au moment d'envoyer, la barre du gouvernail doit être droite, les voiles bien pleines, sans être trop arrivé le bâtiment doit avoir toute la vitesse qu'il peut acquérir en raison des circonstances du vent et de la mer.

2° Mettre la barre dessous en douceur, border la brigantine jusqu'à ce que le guy soit au milieu du bâtiment, et filer les écoutes des focs lorsque les voiles carrées commencent à fasseyer.

3° Lever les lofs, changer les voiles de l'arrière lorsque la girouette est dans la direction de la quille; dresser la barre quand le bâtiment ne va plus de l'avant, la mettre sous le vent s'il cule, amurer la grande voile et orienter au plus près derrière.

4° Quand le vent a dépassé la direction de la quille d'environ 45 degrés, changer les voiles de l'avant, amurer la misaine, border les focs si l'abattée n'est pas trop forte; dresser la barre si elle a été mise sous le vent, et orienter au plus près partout.

Lorsque les voiles commencent à fasseyer, on largue les galhaubans du vent et on abraque ceux sous le vent, qu'on achève de rider quand on change les voiles.

On fait contrebrasser la vergue de civadière pour appuyer le bâton de foc, et rentrer les arcs-boutans des hunes qui peuvent faire déchirer les huniers lorsqu'on change les voiles.

Quand le vent est grand frais et qu'il commence à prendre dans les voiles de l'arrière, on fait contretenir les bras du vent pour ne les filer qu'à retour. En changeant devant on contretient aussi les bras de misaine et du petit hunier. Les drosses doivent être largues, et il est quelquefois nécessaire de faire donner du mou dans la cargue point de grande voile au vent.

Quand le bâtiment est viré, on oriente parfaitement au plus près du vent, on appuie les bras du vent en faisant donner du mou à ceux sous le vent, sans les larguer entièrement.

Avec de la grosse mer et un vent qui pourrait permettre de virer vent devant, on ne doit pas toujours chercher à faire cette manœuvre, dans la crainte de faire des avaries : on a vu quelquefois casser le petit mât de hune quand le bâtiment masque au moment d'un fort tangage. Dans ce cas, à moins qu'on y soit forcé par sa position, il est bien préférable de virer vent arrière.

En changeant trop tard derrière, la direction que prend le vent sur les voiles rend cette manœuvre plus difficile. Quand au contraire on change trop tôt, on contrarie l'évolution du bâtiment, qui souvent ne peut s'achever, surtout si le vent n'est pas frais.

Si on change trop promptement devant, il arrive quelquefois que le bâtiment, qui n'a plus d'aire, revient au vent. Le gouvernail n'ayant pas d'action, il ne faut pas hésiter de faire lever les lofs de misaine et de contre-brasser vivement les voiles de l'avant, en filant les écoutes de brigantine et de grande voile. Si le bâtiment cule on met la barre sous le vent, et lorsque l'abattée est suffisante, on change devant et on oriente au plus près partout en dressant la barre.

à Nantes, Lith. de Charpentier père fils & Cie Editeurs.

Virer de bord vent arrière

Virer de bord Vent Arrière.

On vire de bord vent arrière lorsque la force du vent et la grosse mer ne permettent pas de virer vent devant, ou que la brise est trop faible avec la mer houleuse. Pendant l'évolution on perd nécessairement beaucoup au vent, surtout si cette manœuvre n'est pas exécutée avec précision.

1° Carguer la grande voile et la brigantine, ralinguer les voiles de l'arrière et mettre la barre au vent.

2° Suivre le vent en brassant pour tenir les voiles en ralingue, jusqu'à ce que le bâtiment soit arrivé de 90 degrés; les vents sont alors de la hanche.

3° Lever les lofs de misaine, contre-brasser les voiles de l'avant de manière que toutes les vergues soient à peu près orientées carrément lorsque le vent vient de l'arrière. Changer les écoutes des focs et contre-brasser la civadière.

4° Lorsque le vent a dépassé l'arrière de quelques rhumbs, border la brigantine; orienter au plus près derrière, en continuant de tenir les voiles de l'avant carrées, pour faciliter le bâtiment à se ranger dans le vent.

5° Border les focs, dresser la barre, orienter devant au plus près, amurer la grande voile.

Si on ne pouvait manœuvrer assez promptement pour suivre le vent, en exécutant l'évolution comme on vient de le dire, on ferait dresser un peu la barre pour ralentir le mouvement d'auloffée du bâtiment; mais alors on tomberait davantage sous le vent en courant plus long-temps grand largue.

Lorsqu'il vente grand frais et que la mer est grosse quand on vire vent arrière, on doit avoir les plus grandes précautions pour ne filer les bras du vent qu'à retour, en revenant sur l'autre bord. Les galhaubans de travers doivent être tous abraqués du côté où l'on prend les amures, et largués de l'autre lorsqu'on vient au vent. Les arcs-boutans des hunes doivent être rentrés lorsque le bâtiment est vent arrière, on les pousse au vent lorsque le vent vient du travers.

Pl. 11.

P. C. Cauné. — à Nantes, Lith.^ie de Charpentier père, fils & Cie Éditeurs.

La Panne.

De la Panne.

Un bâtiment est en panne lorsque, par la disposition de ses voiles, dont les effets se contrarient, il ne fait pas de route. On met en panne de deux manières.

1° Etant au plus près du vent, carguer les basses voiles, brasser le grand hunier sur le mât, mettre la barre sous le vent en douceur.

Pour maintenir la panne on file ou borde les écoutes des focs et de brigantine, afin de modérer les mouvements d'abattée et d'auloffée du bâtiment.

Lorsqu'on est vent arrière ou grand largue, pour mettre en panne, on commence par carguer les basses voiles, ensuite on oriente le perroquet de fougue au plus près du vent, en mettant la barre dessous le vent; puis on brasse le grand hunier sur le mât en orientant le petit hunier au plus près; on borde la brigantine et on tient les écoutes des focs largues, jusqu'au moment où le bâtiment est rangé dans le vent.

Pour faire servir étant en panne, on dresse la barre en bordant les focs et orientant le grand hunier au plus près du vent.

2° Etant au plus près du vent, carguer les basses voiles, brasser le petit hunier sur le mât, mettre la barre sous le vent en douceur.

On maintient la panne en manœuvrant les focs et la brigantine.

Vent arrière ou largue, pour mettre en panne le petit hunier sur le mât; après avoir cargué les basses voiles, on oriente au plus près le grand hunier et le perroquet de fougue, en mettant la barre dessous; ensuite on brasse le petit hunier, en bordant les focs; il peut quelquefois devenir nécessaire de filer l'écoute de brigantine et de ralinguer le perroquet de fougue pour ne pas virer.

Quand on vient se mettre en panne près d'un bâtiment avec lequel on veut communiquer, il faut éviter de se mettre trop près au vent, et encore moins sous le vent; car si le bâtiment qui est au vent vient à abritter celui qui est sous le vent, ils tendront à se rapprocher et pourront s'aborder, si celui qui est au vent néglige de faire servir à propos. Le bâtiment sous le vent se trouve dans l'impossibilité de manœuvrer pour s'écarter ne pouvant s'aider de ses voiles qui sont déventées.

La position la plus favorable pour communiquer, est de prendre la panne dans la hanche du vent et d'expédier son canot. Si le vent est frais et la mer grosse, on aura la précaution d'arriver et de prendre la panne dans la hanche sous le vent, pour que le canot revienne à bord plus facilement.

Lorsqu'on doit faire route vent arrière, on met en panne sous le petit hunier de préférence au grand, parce qu'il se trouve disposé très-favorablement pour faire arriver le bâtiment très-promptement, recevant l'impulsion du vent perpendiculairement à sa surface.

Lorsque le bâtiment fait grand sillage au plus près et surtout le vent par le travers, et que l'on veut ralentir sa marche sans mettre en panne, il serait très-imprudent de masquer un hunier parce qu'on pourrait faire casser le mât de hune. On doit également, dans ce cas, s'abstenir de masquer le perroquet de fougue; car chacune de ses voiles ainsi disposées reçoit du vent, une impulsion qui est augmentée de toute la vitesse du bâtiment, et le mât qu'elle charge n'est plus soutenu par l'étai, puisque la résultante de cette impulsion se fait perpendiculairement à la voile, qui se trouve brassée obliquement à l'égard de cet étai. Dans cette circonstance, pour ralentir sa marche avec toute sécurité, il faut amener ou ralinguer quelques-unes des voiles. En escadre cette manœuvre est bien préférable à celle de mettre des voiles sur le mât qui font tomber sous le vent de la ligne, et ne laissent pas assez maître des mouvements du bâtiment pour qu'on puisse conserver la distance à laquelle on doit se tenir de son matelot d'avant. Lorsqu'il ne vente pas trop, on peut cependant, ralinguer ou masquer le perroquet de fougue.

Sonder étant à la mer.

Lorsqu'on doit sonder par un grand fond, on dispose des hommes en dehors du bord, depuis l'arrière des grands porte-haubans jusqu'au bossoir du vent; le plomb de sonde de quarante-cinq kilogrammes, garni de suif à sa base est envoyé devant. Ensuite on fait passer le bout de la ligne de sonde en dehors des galhaubans, jusqu'à l'homme qui est au bossoir, qui étalingue le plomb à la ligne, et fait une glène, ainsi que les autres hommes qui sont en dehors du bord. On glène beaucoup plus de ligne qu'on ne suppose devoir trouver de fond.

Ces dispositions prises, on met en panne le grand hunier sur le mât, et quand le bâtiment n'a plus d'aire, le plomb est jeté à la mer au commandement de l'officier de quart; chaque homme file sa glène avec vitesse, au fur et à mesure que le plomb demande de la ligne, en veillant avec attention, l'instant où il prend fond, qu'il crie à haute voix. Des marques placées sur la ligne de cinq en cinq brasses, indiquent la quantité de ligne filée, qui n'est pas toujours la hauteur du fond. Le bâtiment dérivant beaucoup la ligne prend nécessairement une inclinaison dont il faut tenir compte. On retire le plomb pour connaître la qualité du fond, qui sert souvent à déterminer la position du bâtiment, en la faisant cadrer avec le nombre de brasses trouvées et la latitude observée.

Lorsqu'on est au plus près du vent ou largue avec beau temps, on peut sonder par un petit fond, sans mettre en panne; après avoir pris ses dispositions, on vient au vent jusqu'à faire fasseyer les voiles, et lorsque le bâtiment a perdu de son aire, on laisse tomber le plomb, en mettant la barre du gouvernail au vent pour revenir en route. Cette manœuvre indiquée dans le *Manœuvrier*, *page* 120, n'est plus en usage, parce qu'il est toujours difficile de saisir le moment favorable pour sonder sans masquer.

Plus généralement on sonde à la voile sans diminuer la route, en faisant même cinq à six nœuds de sillage, les timoniers étant exercés à lancer un petit plomb, très-souvent, jusqu'à la hauteur du bossoir.

Lorsqu'on navigue près de terre, il est de règle d'avoir de ces hommes placés tribord et bâbord, dans les grands porte-haubans, ils sondent alternativement en criant le fond à haute voix. Dans ces sortes de sondages on ne file ordinairement que vingt à vingt-cinq brasses de lignes.

P.C. Cossu.

à Nantes, Lith.ie Charpentier père fils & Cie Editeurs.

La Remorque.

La Remorque.

Un bâtiment est à la remorque d'un autre quand il fait route avec lui au moyen d'un grélin dont l'un des bouts est amarré au grand mât dans le bâtiment remorqueur, et l'autre à la bitte dans le bâtiment remorqué.

Dans plusieurs circonstances de la navigation on peut être obligé de donner la remorque à un bâtiment désemparé par le mauvais temps, ou par suite d'un combat, ou enfin, trop mauvais voilier pour suivre, lorsqu'on doit naviguer de conserve.

A bord des vaisseaux, frégates et corvettes à batterie couverte, le grélin de remorque peut passer dans la batterie, et sur le pont des gaillards dans les bâtiments à batteries à barbette.

Lorsque le temps est maniable et que l'on peut mettre un canot à la mer, donner la remorque est une manœuvre qui n'a rien de difficile, elle peut même s'exécuter en passant assez près du bâtiment à remorquer, pour pouvoir lui lancer un petit plomb de sonde fixé à une ligne qui sert à hâler un plus gros filin, et enfin le grélin de remorque; mais lorsqu'il fait grand vent et que la mer est assez grosse pour empêcher de mettre un canot dehors, il faut manœuvrer avec beaucoup d'habileté pour faire parvenir le bout de ligne, qu'on peut alors filer de l'arrière sur la bouée de sauvetage, en se tenant très-près au vent et de l'avant du bâtiment à remorquer, qui peut faire accoster et prendre à bord cette bouée en se servant d'un petit plomb de sonde garni de crochets qu'on lance facilement assez loin du bord. D'après cela on conçoit qu'il doit y avoir, pour prendre et donner la remorque, différentes manières de manœuvrer qui toutes varient en raison des circonstances de vent, de mer et de la grandeur des bâtiments plus ou moins faciles à faire évoluer. Aussi on ne parlera que des précautions à prendre à bord des deux bâtiments pour conserver la remorque, lorsqu'elle est donnée, et des mouvements que doit faire le bâtiment remorqué, quand le remorqueur change de route ou vire de bord, augmente ou diminue de voiles.

1° A bord du remorqueur comme du remorqué, le grélin doit être parfaitement fourré aux points où il porte, et bossé en divers endroits; le sabord par où il passe doit aussi être garni d'une fourrure en bois. Il faut avoir assez de bout à bord pour rafraîchir le grélin lorsqu'il travaille beaucoup, et être prêt à couper la remorque si c'est nécessaire.

2° Lorsque le remorqueur vire de bord vent devant ou vent arrière, fait un mouvement pour venir au vent ou pour arriver, le bâtiment remorqué doit, pour faciliter ses mouvements, gouverner d'abord pour faire le mouvement contraire; c'est-à-dire que si le remorqueur arrive, il doit lofer et lancer dans le vent, et arriver si le remorqueur vient au lof, pour ensuite revenir à gouverner dans ses eaux.

3° Si le remorqueur veut mettre en panne, il doit auparavant, et afin d'éviter l'abordage ou que la remorque s'engage, prévenir le remorqué, pour qu'il exécute cette manœuvre le premier; toutefois, pour ne pas faire fatiguer la remorque, les deux bâtiments doivent masquer leurs voiles presque en même temps. Pour faire servir, le bâtiment remorqueur devra manœuvrer le premier, après avoir prévenu le remorqué, qui devra faire servir presqu'aussitôt. En général, les mêmes précautions doivent être prises par les deux bâtiments, soit qu'ils augmentent ou diminuent de voiles.

4° Lorsqu'on est appelé à passer à poupe d'un autre bâtiment, et que l'on a une remorque, on doit avoir l'attention de ne venir au vent que lorsque le bâtiment remorqué a entièrement doublé celui auquel il a passé à poupe.

Dans toutes les circonstances du vent et de la mer, le bâtiment remorqueur doit régler sa voilure sur celle que peut porter sans inconvénients le bâtiment remorqué, et de manière à ne pas trop fatiguer la remorque.

Lorsqu'il fait calme on doit être prêt à mettre les canots à la mer, pour tenir le bâtiment remorqué éloigné du remorqueur, dont il tend toujours à se rapprocher, par le poids seul de la remorque.

Pl. 13.

P.C. Causeré. à Nantes, Lith.ie de Charpentier père, fils & Cie Editeurs.

La Cape.

La Cape.

On met à la cape lorsque le vent est assez fort pour empêcher le bâtiment de porter la voile nécessaire pour faire route au plus près du vent. On se tient alors en travers au vent avec très-peu de voiles; la barre du gouvernail est presque toujours sous le vent.

Quand le bâtiment gouverne, la cape est dite courante. On met à la cape de plusieurs manières.

1° Avec la pouillouse, ou voile d'étai du grand mât, le petit foc et le foc d'artimon; la barre sous le vent. Le bâtiment ne gouverne pas; cette cape convient quand le vent est extrême et la mer très-grosse.

Pour orienter la pouillouse, on commence par la border avec une caliorne frappée sur le point d'écoute, puis on pèse la drisse, la force du vent fait monter la voile assez facilement; on la hâle bas sans filer l'écoute.

Le foc d'artimon se manœuvre de la même manière, mais au lieu de caliorne on se sert de l'écoute, qui se passe en double.

Le petit foc se hisse et se hâle bas comme le foc d'artimon, en tenant l'écoute bordée. En général, cette précaution est indispensable pour orienter les voiles de cape, qui sans cela battraient avec violence et seraient bientôt emportées par le vent.

2° Avec la pouillouse, le petit foc, le foc d'artimon et l'artimon de cape; le bâtiment gouverne un peu, la barre n'est pas toujours dessous; à cet égard, cette cape est préférable à la première.

L'artimon de cape se borde aussi avec une caliorne. Pour le carguer, il faut beaucoup d'hommes et les disposer sur les cargues de sous le vent, en mettre très-peu aux cargues du vent, pour les abraquer au fur et à mesure que les cargues sous le vent se rendent à joindre. Si l'artimon doit rester quelque temps cargué, on s'empressera d'en faire étouffer la toile, surtout celle du point d'écoute.

3° Sous la misaine, dans laquelle on prend presque toujours le ris, le petit foc, l'artimon de cape et le foc d'artimon. Le bâtiment gouverne assez bien; mais cette cape est dure, parce que l'avant du bâtiment est fortement chargé par la misaine, qui faisant faire de fréquentes arrivées, expose à recevoir des coups de mer, lorsque l'action du gouvernail ramène le bâtiment dans le vent.

4° Sous le grand hunier au bas ris, la pouillouse, le petit foc et le foc d'artimon, le bâtiment gouverne; cette cape est la plus en usage, parce qu'elle est très-douce, le bâtiment étant bien appuyé par le grand hunier qui est élevé.

M. Bourdé, dans son *Manœuvrier*, parle de la cape sous la grande voile, elle n'est plus en usage; d'ailleurs, elle ne pourrait convenir qu'avec un vent modéré : en raison de la grande surface de cette voile, on s'exposerait à la faire emporter, ou à avarier la grande vergue, puis il serait très-difficile d'arriver dans un cas pressé.

On met aussi à la cape à sec de voiles, lorsqu'on ne peut en présenter au vent qui ne soient emportées par la violence de la tempête, ces cas sont heureusement assez rares.

Autant que possible, on doit tenir le bâtiment gouvernant quand on est à la cape, afin qu'il soit moins maîtrisé par la grosse mer, et que la dérive ne soit pas aussi forte. Les précautions suivantes doivent avoir été prises à l'avance :

Dépasser les mâts de perroquets et bouts-dehors de bonnettes pour les envoyer sur le pont *.

Placer dans la sainte-barbe, la drosse de rechange et les palans destinés à faire agir la barre au besoin.

Doubler les saisines de la drome et des embarcations, et avoir sous la main tous les palans de ridage pour brider les haubans, dans le cas où ils prendraient trop de mou.

Mettre en place les fausses-fenêtres des chambres, et que tous les dalots

* Pendant la guerre, cette mesure ne doit être prise que dans le cas où le temps serait extrêmement menaçant. Après de grandes variations de la hauteur du mercure dans le tube du baromètre, si cette hauteur vient à s'abaisser subitement de plusieurs divisions, on est presque certain d'avoir bientôt un très-grand vent.

des batteries soient bien libres, afin que l'eau qui filtre par les sabords et les hauts du bâtiment, ne reste pas dans les batteries.

Mettre les canons à la serre; avoir des taquets et cabrions prêts à clouer en arrière des roues d'affûts.

Mettre des filières en corde et jeter du sable sur le pont, pour que les hommes puissent se tenir dans les grands mouvements du bâtiment.

Avoir des haches sur le pont pour couper la mâture, dans le cas où le bâtiment viendrait à engager.

Outre ces mesures de sûreté, on doit encore faire faire de fréquentes rondes dans les batteries, pour s'assurer que les canons restent bien à la serre. Les batteries étant chargées, si les boulets avaient pris trop de jeu dans leurs pièces, par suite des grands mouvements de roulis, il faudrait faire refouler dans la crainte qu'un coup ne partît à la serre, ce qui serait un grand malheur; pour refouler, on se servira du refouloir en corde, qu'on peut plus facilement introduire dans la pièce sans la démarrer entièrement.

Avant de mettre les batteries à la serre, si on introduisait sur la charge un petit écouvillon, fait exprès, qui porterait d'un bout sur le bord et de l'autre sur le boulet, ou maintiendrait ce dernier sans mouvement dans la pièce. Par ce moyen, qui est simple, on se dispenserait d'une opération qui n'est pas toujours sans danger lorsqu'on est à la cape, puisqu'il faut démarrer en partie les pièces pour refouler sur le boulet *.

Le maître d'équipage doit être attentif à faire visiter le grément et à le faire fourrer partout où il deviendra nécessaire. Le maître charpentier doit s'occuper de la mâture, et le maître calfat des pompes, des écubiers, des sabords, hublots et panneaux; il doit faire sonder souvent et rendre compte de la quantité d'eau qui se trouve dans la cale, demander à faire pomper si elle augmentait trop.

Lorsque la barre vient à casser, pour placer celle de rechange, il faut arrêter les mouvements du gouvernail avec des coins faits exprès pour cet usage, ou avec le frein mécanique, quand la tête en est ronde; ensuite on retire la cheville qui sert à retenir la barre, elle doit être assez libre pour sortir facilement; alors, si la partie de la barre cassée qui tient encore au gouvernail ne pouvait s'enlever à la main, on frapperait deux palans sur l'étrier en fer placé sur cette partie de la barre, tout exprès pour le cas où elle ne pourrait sortir librement de sa mortaise, et on palanquerait fortement. Si cette opération était sans résultat, il faudrait alors avoir recours au charpentier pour la faire sortir par morceaux. La mortaise dégagée, on pourra facilement placer la barre de rechange, passer la drosse, et on décoincera ensuite le gouvernail **.

D'après ce qui vient d'être dit, on conçoit combien il est important, dans l'armement du vaisseau, de ne pas trop forcer la barre dans la tête du gouvernail et de laisser bien libre la petite cheville qui sert à l'empêcher de sortir de la mortaise.

Si le gouvernail était enlevé, il faudrait avoir recours à un gouvernail de fortune ou de circonstance pressée.

Les bâtiments de guerre ont à bord le gouvernail inventé par M. Dusseuil, capitaine de frégate; mais qui est un gouvernail de rechange plutôt que de fortune. Il peut se monter facilement lorsque la mer n'est pas trop grosse et qu'on est assez au large pour n'avoir rien à craindre de la côte pendant l'opération, dont les préparatifs sont toujours longs. Il ne serait pas prudent, d'ailleurs, de chercher à le monter avant que le temps ne soit devenu assez beau; car on s'exposerait à le perdre et à n'avoir plus le moyen de diriger son bâtiment avec certitude pendant le reste du voyage, ou jusqu'au port le plus voisin.

Sur une côte et dans les mers resserrées, lorsqu'on a le malheur d'être désemparé de son gouvernail par suite du mauvais temps, il faut aviser aux moyens de gouverner promptement, pour éviter le naufrage. Dans ce cas, le gouvernail de fortune du capitaine anglais Peat, me paraît devoir être préféré à ceux de MM. Olivier, Packenham et Bassière, parce qu'il est plus simple et qu'il peut être mis en place et fonctionner en très-peu de temps; ce n'est autre chose qu'un grand aviron, qu'on passe par l'arrière, dans une des fenêtres de la grande chambre à bord des vaisseaux,

* Ces écouvillons ne sont pas donnés à l'armement des vaisseaux, mais on peut facilement les faire confectionner à bord.

** Beaucoup de bâtiments, au lieu de barres en bois, en ont en fer, et assez fortes pour résister aux chocs les plus violents.

et par un sabord du gaillard dans les frégates et autres bâtiments.

Ce gouvernail se fait avec une vergue de hune, à laquelle on ajoute, d'une manière solide, des bordages ou des flasques d'affûts, que l'on charge de quelques gueuses en fer, pour tenir le système entre deux eaux; ce grand aviron se met en mouvement au moyen de bras, frappés sur sa pelle et qui passent dans des poulies fixées à des arcs-boutants en dehors du bord; on met aussi des palans sur la partie de la vergue qui est à bord, tant pour gouverner, que pour la maintenir en place.

Lorsque le mauvais temps aura cessé et que le bâtiment se trouvera en bonne position relativement à la côte, on travaillera à mettre en place le gouvernail de M. Dusseuil, avec lequel on pourra continuer à naviguer avec toute sécurité. On trouve une description de ce gouvernail et la manière de le monter, dans une brochure qui est donnée à tous les bâtiments de guerre, et dans les *Séances Nautiques*, publiées en 1824, par M. le capitaine de frégate Bonnefoux.

Dans les goëlettes et bâtiments légers, quelques officiers mettent à la cape sous la grande voile au bas-ris, sans autre voile de l'avant, afin que le bâtiment se range le plus possible dans le lit du vent. Cette cape est souvent dangereuse, parce qu'il est très-rare que le bâtiment se maintienne sans faire des auloffées et des arrivées considérables, qui l'exposent aux coups de mer. Sous une telle cape, j'ai engagé sur une goëlette, après avoir reçu une grosse lame par la hanche de bâbord, et ce n'est qu'avec peine que nous sommes parvenus à dégager le bâtiment, dont le plat-bord du vent était enfoncé depuis le grand mât jusqu'au gouvernail.

La meilleure cape, pour les bâtiments légers, est d'avoir une voile d'étai entre le grand mât et le mât de misaine, avec le petit foc ou trinquette; sous cette voilure, le bâtiment se maintient constamment en travers à la mer, sur laquelle il s'élève avec facilité, en raison de sa légèreté

26

Pl. 14.

Le calme avec grosse houle.

Pl. 15.

P. C. Canard — à Nantes, Lith.ie de Charpentier père fils & Cie Éditeurs

Le calme plat.

Calme avec grosse houle.

A la suite d'un très-mauvais temps il arrive quelquefois que le vent calme tout-à-coup ; mais il n'en est pas de même de la mer, qui reste grosse long-temps encore, et tourmente le bâtiment par des mouvements d'autant plus violents qu'il n'est plus appuyé par la résistance du vent sur les voiles.

Dans cette position, la mâture est compromise, si on ne prend pas promptement les mesures nécessaires pour la soutenir, en ridant les galhaubans des deux bords et bridant les bas-haubans s'ils ont pris trop de mou.

Lorsque plusieurs bâtiments se trouvent réunis, on ne doit pas négliger de manœuvrer pour saisir le plus petit souffle de vent, afin de s'écarter et d'éviter les abordages, qui seraient extrêmement dangereux. Lorsqu'on se trouve assez éloigné du bâtiment le plus voisin, on peut amener et carguer les voiles pour les ménager.

Le Calme plat.

Lorsque deux bâtiments sont en calme, ils tendent toujours à se rapprocher et finissent par s'aborder, étant attirés l'un vers l'autre par une certaine force attractive ; dans ce cas, on se sert des canots pour s'éloigner, et on y parvient plus promptement en faisant remorquer l'un des bâtiments par les canots des deux. Les petits bâtiments ont de plus la ressource de leurs avirons de galère.

Pl. 16

P.C. Caussé

à Nantes, Lith. de Charpentier père fils & Cie Éditeurs.

Prendre des ris.

Prendre des Ris.

On prend des ris aux huniers quand la force du vent et l'état de la mer empêchent de les porter hauts. Il est très-important que cette manœuvre soit exécutée avec ensemble et promptitude ; pour y parvenir, on opérera de la manière suivante :

1° Faire disposer au pied des échelles de haubans les hommes destinés à prendre les ris, préparer les drisses de hune, ranger les hommes sur les bras du vent, en placer d'autres sur la cargue point du vent et un à chaque bras sous le vent, pour les filer à propos, sans jamais les larguer en bande.

2° Faire monter les hommes dans les hunes, larguer les boulines, brasser les huniers au vent, jusqu'à ce qu'ils soient en ralingue; amener les huniers en pesant sur la cargue point du vent, sans larguer la drisse en bande *, amarrer les bras du vent et ceux sous le vent, abraquer et amarrer les cargues points et les palans de roulis.

3° Peser les palanquins, mettre celui du vent à toucher avant celui de sous le vent; lever les bouts-dehors de bonnettes, envoyer les hommes sur les vergues, les gabiers aux empointures, attraper les garcettes de ris, porter la toile au vent, faire les empointures, celle du vent la première; amarrer les garcettes après avoir relevé la toile pli par pli sur la vergue; en amarrant les garcettes les hommes auront l'attention de ne pas genoper les écoutes de perroquets, dont on peut avoir besoin de suite, surtout en temps de guerre, et qui peuvent se mettre dehors, lors même qu'on a deux ris dans les huniers.

4° Pendant qu'on prend les ris on fait ranger les hommes aux drisses de hune; les garcettes amarrées, les bouts tournés sur l'avant de la vergue, les hommes descendent, ensuite on amène les bouts-dehors, que les gabiers amarrent sur la vergue. On largue les palanquins et cargues points ainsi que les palans de roulis, et lorsqu'il n'y a plus personne à renter dans la hune, on fait hisser promptement les huniers; les bras du vent sont filés à retour pour maintenir la voile en ralingue, et ceux sous le vent filés largement. On aura l'attention de ne pas trop faire étarquer les voiles, pour ménager les vergues.

5° Orienter au plus près, appuyer les bras du vent, amarrer ceux de sous le vent, sans trop les abraquer, et faire parer toutes les manœuvres.

Si on doit prendre plusieurs ris les uns après les autres, au premier, les garcettes se souqueront sur l'avant de la vergue, au deuxième, sur l'arrière; au troisième, sur l'avant, et au quatrième sur l'arrière. En général, quel que soit le nombre de ris à prendre, le dernier doit toujours être souqué sur l'arrière de la vergue; il faut aussi que tous les ris soient pris de manière qu'il n'y ait que la bande du dernier amarré qui paraisse sur l'arrière de la vergue.

Quand on prend le dernier ris, il est souvent nécessaire de filer quelques pieds des écoutes de hune au vent, pour que les palanquins arrivent à joindre sans fatiguer la ralingue du hunier.

Lorsqu'on prend des ris, l'officier de quart doit veiller attentivement à faire bien gouverner, pour maintenir les huniers en ralingue; car, quand il vente grand frais on peut compromettre la vie des hommes qui sont sur la vergue, en faisant battre la toile du hunier sur eux.

Pour prendre des ris lorsqu'on est vent arrière; après avoir amené les huniers sur le ton, on les fait brasser en pointe le plus possible, et en même temps on lance avec le gouvernail pour les mettre en ralingue; il faut venir promptement grand largue sur le bord où les huniers sont brassés, et on s'y maintient jusqu'à la fin de la manœuvre, qui s'exécute comme on vient de le dire.

* Lorsque le temps est sec et qu'il ne vente pas beaucoup, on peut casser une vergue de hune en larguant les drisses en bande ; car le hunier tombant de presque tout son poids sur le chouquet, la vergue éprouve une violente secousse qui peut la faire rompre.

On peut aussi prendre des ris vent arrière d'une autre manière, en se décidant de suite à tenir le plus près du vent; mais on perd davantage de route qu'en les prenant grand largue.

Lorsque le vent est très-fort et la mer trop grosse pour venir en travers, on cargue les huniers, on les serre, et on prend les ris en molissant les rabans de ferlage.

Larguer des Ris.

Si l'on veut larguer des ris sans s'exposer à déchirer les huniers, on ne doit pas négliger de les amener entièrement sur le ton, de les tenir en ralingue, d'amarrer les bras, les cargues points, palans de roulis, et ensuite on fait peser les palanquins.

Pour un vaisseau, trois gabiers de chaque côté de la vergue suffisent pour larguer les garcettes avec soin en partant du centre, tandis que d'autres gabiers dédoublent les empointures, qui doivent être larguées ensemble, et lorsqu'on s'est assuré que toutes les garcettes sont entièrement dégagées des marche-pieds et écoutes de perroquets, que les hommes sont rentrés dans la hune, on fait larguer les palanquins et cargues points ainsi que les palans de roulis, puis hisser et orienter les huniers.

S'il doit rester des ris pris, on ressouquera les garcettes du dernier sur l'arrière de la vergue, après avoir fait dévirer la toile du ris précédent sur l'avant de la vergue.

Si les perroquets étaient dehors et que le vent fût maniable, on en larguerait les écoutes en bande, sans les amener ni carguer, lorsque les ris seront largués, on abraquera les écoutes de perroquets au fur et à mesure que les huniers monteront, par ce moyen, ils se trouveront établis en même temps que ces derniers.

Pl. 17

P.C. Caussé

Embarquer les canots ou les mettre à la mer.

Mettre les Canots à la mer, ou les embarquer.

LORSQU'ON est à la voile, il est assez rare d'être obligé de mettre toutes les embarcations à la mer ; on se sert ordinairement des canots qui sont sur les bossoirs ; mais comme il est des circonstances où elles peuvent être toutes employées, il faut alors prendre des précautions pour mettre dehors les plus lourdes, et les embarquer sans risquer d'avarier les basses vergues. Pour cela, après avoir mis en panne sous le grand hunier, on fait appuyer les basses vergues par les bras, drosses et palans de roulis du vent (ceux de sous le vent, qui sont des palans de bouts-de-vergues, servent avec les palans d'étai pour hisser les canots), on met en suite les fausses-balancines sous le vent, qu'on roidit ainsi que les balancines, et on pèse aussi les balancines du vent. De cette manière, les basses vergues se trouvent bien appuyées ; on peut, en toute sécurité, mettre les embarcations à la mer et les embarquer après s'en être servi. En rade on prend les mêmes précautions.

Les canots qui sont sur les bossoirs peuvent être instalés de manière à pouvoir être mis promptement à la mer avec leur équipage, sans que le bâtiment cesse de faire route ; pour y parvenir, on frappera sur les crocs de chaque palan de bossoir, une forte bosse à long fouet, fig. 2, qu'on passera ensuite dans les pattes en place des crocs, lorsque les canots seront hissés, fig. 3. Par ce moyen, deux hommes peuvent larguer ces bosses en même temps, quand le canot est assez amené pour être mis à la mer sans danger.

Dans une circonstance pressée, lorsqu'un homme tombe à la mer, par exemple, sitôt le canot amené, et pendant qu'on manœuvre pour mettre en panne, il peut déborder pour aller à son secours ; tandis qu'avec les crocs on reste quelquefois fort long-temps sans pouvoir décrocher les pattes, qui se roidissent d'autant plus, que la vitesse du bâtiment est grande, et s'il y a un peu de mer, l'embarcation court le risque de se remplir.

Pl. 18.

P.C. Caussé sc. — à Nantes, Lith. de Charpentier père, fils & Cie Éditeurs.

Bâtiments à contre bord et au plus près du vent.

Bâtiments à contre-bord et au plus près du Vent.

Quand deux bâtiments sont à contre-bord et qu'ils cherchent à se disputer le vent, ils peuvent s'aborder, dans la persuasion qu'ils se passeront au vent.

Dans la règle, lorsqu'il peut y avoir indécision, chaque bâtiment doit venir sur tribord; c'est-à-dire que celui qui est tribord amures serre le vent le plus possible, et l'autre laisse arriver pour éviter l'abordage. Malgré cette prescription formelle, il est souvent arrivé que par préséance de grade, ou par un entêtement bien condamnable, on s'est abordé pour ne pas arriver et céder le vent; d'où il est résulté les avaries les plus graves, qui, ne pouvant pas toujours se réparer à la mer, ont privé la flotte d'une partie de ses forces. Dans ce cas, l'officier qui aura pu éviter l'abordage et qui n'aura pas manœuvré en conséquence, sera regardé comme coupable de cet événement, quel que soit son grade, sa position et la force de son bâtiment; s'il est tribord amures, il ne doit même pas hésiter d'envoyer vent devant, si l'autre bâtiment ne marque pas assez tôt sa manœuvre en laissant arriver.

Deux bâtiments étant au plus près du vent et à contre-bord, ils doivent se relever au compas; celui des deux qui relève l'autre en arrière de la perpendiculaire à la direction du vent régnant, est au vent; s'ils se relèvent sur la perpendiculaire, ils sont également au vent et se rencontreront au point de jonction des deux routes, si leurs marches sont égales. Dans la pratique, lorsqu'on découvre entièrement le bossoir du vent d'un bâtiment à contre-bord et au plus près, on est presque certain d'être assez au vent pour passer devant lui. (*Voir la figure* **11.**)

Lorsque deux bâtiments à contre-bord, croyant réciproquement se passer au vent, viendront assez près l'un de l'autre pour que celui qui est babord amures ne puisse plus arriver pour éviter l'abordage, tous deux devront envoyer vent devant et prendre l'amure à l'autre bord.

Pl. 19.

P.-C. Cou...

à Nantes, Lith.ie de Charpentier ... Éditeurs

Se préparer à recevoir un grain.

Se préparer à recevoir un Grain.

Étant au plus près du vent ou largue sous les huniers, basses voiles, perroquets, grand foc, petit foc et brigantine; manœuvrer pour recevoir un grain qu'on suppose devoir donner beaucoup de vent.

1° Carguer et serrer les perroquets, la brigantine et le grand foc.

2° Carguer la grande voile, parer les drisses des huniers; ranger les hommes sur les bras du vent et les cargues points; tenir les voiles bien pleines en gouvernant.

3° Si le grain commence à donner, larguer les boulines, brasser au vent et amener les huniers en pesant les cargues points, qu'on amarrera ainsi que les bras, quand les huniers seront sur le ton.

4° Si le grain est très-fort, laisser arriver, carguer les huniers et les faire serrer pour fuir sous la misaine et le petit foc.

Dans un fort grain, le bâtiment incline beaucoup et devient très-ardent, parce que la résistance du fluide sur la carène se porte de l'avant; pour ne pas masquer, il faut tenir la barre au vent; on doit aussi se défier des vents qui hâlent presque toujours de l'avant dans le grain.

On manœuvre ainsi sur tous les bâtiments à voiles carrées, quand il s'agit de parer un grain; mais il faut bien se garder de faire de même sur les goëlettes, lougres et autres bâtiments à voiles latines, qui ne doivent pas arriver dans les grains, mais au contraire lofer et ralinguer pour amener plus facilement leurs voiles.

Sur une goëlette on doit manœuvrer ainsi :

1° Carguer le hunier et le serrer de suite.

2° Carguer la misaine, hâler bas le grand foc.

3° Lorsque le grain commence à donner, lofer et amener la grande voile.

4° Rester avec la trinquette. Sous cette voile, on attend en toute sécurité le grain à passer, en restant en travers au vent, et si on juge à propos d'arriver on peut le faire sans danger.

Carguer un Hunier de gros temps.

Avec un grand vent, étant au plus près du vent ou largue; pour conserver les huniers quand on les cargue, il faut les empêcher de battre, et pour cela tenir le vent dedans le plus long-temps possible. On répétera en partie, mais avec plus de méthode et en ajoutant quelques nouvelles mesures de précaution qui sont reconnues utiles, la manière dont on opère d'après le *Manœuvrier*, de M. Bourdé, parce qu'elle est toujours en usage.

Les huniers ayant tous les ris pris.

1° Ranger les hommes sur les cargues du vent, cargue bouline, cargue fond et cargue point; tenir les bras du vent et sous le vent amarrés.

2° Filer en douceur l'écoute du vent, peser vivement et mettre à joindre les cargues du vent en filant la bouline à retour.

3° Faire passer les hommes aux cargues sous le vent, déborder le hunier en filant l'écoute en douceur, au fur et à mesure que les cargues se rendent. Il faut contretenir la bouline sous le vent, pour empêcher la toile de capeler au bout de la vergue.

4° Brasser le hunier au vent, l'amener sur le ton, amarrer les bras et palans de roulis; le faire serrer le plus promptement possible.

Si on était surpris par un grain et qu'il fallût décharger la mâture, on manœuvrerait d'une manière toute contraire; on commencerait par amener et carguer sous le vent en premier, au risque de faire battre la toile et déchirer le hunier.

Quand on est vent arrière ou grand largue, on peut carguer le hunier des deux bords en même temps; il portera toujours assez pour ne pas battre avant d'être cargué, si on met de la promptitude dans cette opération.

Border un Hunier de gros temps.

Les huniers étant serrés avec les bas ris pris, avant de les border, on fera ressouquer les garcettes du dernier ris. Pour empêcher les huniers de battre il faut leur faire recevoir le vent dedans très-promptement.

Etant au plus près du vent ou largue.

1° Brasser et orienter la vergue et amarrer les bras.

2° Ranger les hommes sur l'écoute sous le vent, filer la cargue point, la cargue bouline et la cargue fond en douceur, mettre l'écoute à joindre.

3° Faire passer les hommes à l'écoute du vent, filer les cargues en abraquant la bouline, mettre à joindre l'écoute du vent.

4° Hisser le hunier sans trop l'étarquer, et orienter au plus près du vent.

Grand largue ou vent arrière on bordera les deux écoutes ensemble.

Carguer une basse Voile de gros temps.

Etant au plus près du vent ou largue.

1° Faire ranger les hommes sur les cargues sous le vent, la cargue point, les deux cargues boulines et les deux cargues fonds; se préparer à filer la grande écoute.

2° Filer la grande écoute en douceur, peser vivement les cargues sous le vent, pour les mettre à joindre.

3° Faire passer les hommes sur les cargues du vent, filer l'amure et la bouline en douceur, pour empêcher la toile de capeler sur le grand étai; peser toutes les cargues et les mettre à joindre.

Il arrive très-fréquemment que le vent s'engouffre dans les fanons d'une basse voile carguée ainsi, ce qui devient un grave inconvénient pour la serrer; cet inconvénient n'a pas lieu en ne pesant entièrement les cargues points qu'après que les autres cargues sont à joindre.

Grand largue, lorsqu'on aura assez d'hommes pour manœuvrer, on carguera au vent et sous le vent ensemble.

Amurer une basse Voile de gros temps.

ÉTANT au plus près du vent ou largue.

1° Ranger les hommes sur l'amure du vent, et se disposer à larguer et affaler les cargues du vent.

2° Larguer les cargues du vent en commençant par la cargue point, amurer la voile à joindre.

3° Faire passer les hommes sous le vent, larguer les cargues en filant à retour la cargue point, et border la voile à toucher les bas haubans.

La tendance que les voiles carrées ont à se fixer perpendiculairement à la direction du vent, lorsqu'elles sont abandonnées à elles-mêmes, empêche sans doute de manœuvrer les basses voiles comme les huniers, quand on les amure ou les cargue; car alors elles pourraient s'engager sur les étais des bas mâts, qui les touchent. Sans cette raison qui paraît être la seule à donner, on pourrait opérer pour les basses voiles de la même manière que pour les huniers. Quelques officiers ne les manœuvrent pas autrement, surtout quand elles sont mauvaises; parce qu'ils prétendent qu'elles battent moins, et qu'il est presqu'impossible qu'elles capèlent sur les étais, lorsqu'on a l'attention de ne filer ou abraquer les cargues, qu'au fur et à mesure que les écoutes et les amures le demandent.

P. C. Caussé

à Nantes, Lith. de Charpentier père fils & Cie Éditeurs.

Changer un hunier à la mer.

Changer un Hunier et une basse Voile à la mer.

D'APRÈS le réglement d'armement les huniers et basses voiles de rechange avant d'être mis dans la soute, sont garnis de leurs rabans, garcettes de ris, branches de boulines, poulies de palanquins, moques d'écoutes, et paquetés de manière que toutes les cargues, boulines et écoutes, puissent être frappées, sans être obligé de déployer le hunier *.

Pendant qu'on s'occupe à envoyer sur le pont le hunier avarié que l'on fait descendre sur ses cargues, et un hâle bas pour l'empêcher d'aller en dehors du bord; le nouveau hunier est envoyé sur le pont pour être envergué de la manière suivante :

1° Frapper une poulie sous l'avant des barres de perroquet pour y passer une petite aussière ou la guindresse de perroquet si elle est bonne; envoyer le bout sur le pont en avant de la hune, dédoubler les palanquins et les alonger s'il est nécessaire pour avoir les bouts en bas.

2° Placer le hunier sur l'avant du mât la têtière tournée du bon côté; frapper l'aussière sur le milieu, les palanquins sur leurs pattes, et un hâle bas pour le contretenir dans les roulis.

3° Ranger les hommes sur l aussière, hisser le hunier presqu'à toucher les barres, en abraquant les palanquins.

4° Peser vivement les palanquins en amenant le hunier en douceur, pour lui faire élonger la vergue.

5° Envoyer les hommes sur la vergue pour prendre les empointures; amarrer la têtière à la filière, et un raban d'envergure entre deux; frapper les cargues et boulines, passer les écoutes et les palanquins dans leurs poulies, en faire le dormant au bout de la vergue. Le hunier est envergué.

Pour changer une basse voile on opère à peu près de la même manière; les palanquins sont remplacés par de forts cartahus frappés aux bouts de la basse vergue; les cargues qui sont nombreuses suffisent pour hisser la voile, toujours paquetée, à hauteur d'être enverguée. Les bouquets d'écoutes sont frappés à l'avance sur le pont.

* Soit C A B D figure 4 le hunier, on le plie en deux dans le sens de sa hauteur, de manière que les points E et F de la ralingue de bordure viennent se réunir au point I, milieu de la têtière, pour y être genopés avec un fil de caret; c'est à ces points que sont fixés les margouillets des cargues fond du hunier.

La ralingue de bordure C D dépassant les empointures A et B, les points d'écoutes C et D sont repliés l'un vers l'autre, et amarrés à peu de distance du point I : les branches de boulines étant frappées, ainsi que les poulies de palanquins, on les gardera en dehors, lorsqu'on serrera le hunier pour le placer dans son étui. On voit tout d'abord l'avantage d'avoir les huniers de rechange serrés de cette manière, les cargues, boulines et écoutes pouvant se frapper sans larguer la voile.

Pl. 21

Changer un mât de hune à la mer.

Changer un Mât de Hune à la mer.

QUAND on démâte d'un mât de hune par suite du mauvais temps, il faut beaucoup travailler pour se débarrasser de la vergue, de son hunier, du mât de perroquet, et pour débrouiller le gréement sans l'avarier, ce qui est presque impossible. Pendant qu'on y est occupé on prépare le mât de rechange; on monte la guinderesse et ses poulies, les palans de ridage, et lorsque le mât cassé est sur le pont, ainsi que la vergue de hune; que les barres sont placées sur le chouquet du bas mât, le gréement nœuf ou celui reparé, prêt à capeler. On opère de la manière suivante pour guinder le nouveau mât de hune :

1° Passer la guinderesse en simple dans une des poulies crochées au ton du mât, l'un des bouts vient amarrer à la caisse du mât de hune, et l'autre se garnit au cabestan; faire ensuite une bonne bridure sur la guinderesse et le mât, à la hauteur de la noix, mettre le braguet en place avec sa caliorne.

2° Virer au cabestan pour présenter le mât de hune entre les élongis et élever la caisse pour l'appuyer sur la bitte d'écoutes.

3° Larguer la guinderesse, la passer dans les poulies et les clans du mât de hune; garnir le bout au cabestan, virer pour présenter le ton du mât dans le chouquet et les barres.

4° Capeler les poulies d'itagues de hune, les haubans, galhaubans et étais : frapper des palans de ridage sur les galhaubans et étais. On peut aussi se servir des écoutes de hune, passées au bout de la basse vergue, afin de mieux contretenir le mât de hune dans les grands roulis.

5° Virer au cabestan en contretenant avec les palans de ridage, que l'on file à retour au fur et à mesure que le mât monte, et lorsqu'il est prêt d'arriver en clef, passer le braguet sous la caisse, l'abraquer et le tenir bien ridé pendant qu'on met la clef en place. Pour recaler on se sert aussi du braguet, lorsqu'on vire pour sortir la clef du mât; dans l'un et l'autre cas, cette précaution est indispensable pour prévenir les accidents graves qui arriveraient, si la guinderesse qui travaille beaucoup au moment de mettre ou sortir la clef, venait à casser.

6° Virer pour mettre le mât en clef, rider les étais, les galhaubans et haubans, mettre la vergue en croix; passer les itagues de hune, palanquins, cargues; enverguer le hunier, guinder le mât de perroquet et croiser la vergue si le temps le permet.

Il est bien moins long et plus facile de changer un mât de hune, lorsqu'il n'est que craqué; on le dépasse en le faisant contretenir avec des palans de ridage, mis sur les galhaubans et les étais, qu'on abraque à mesure que le mât descend. On amène et saisit la vergue de hune sur le devant de la hune. Quand le mât avarié est dépassé on le remplace par celui de rechange, en se servant du même gréement, et on guinde en opérant comme on vient de le dire précédemment.

Les gréements de rechange des mâts de hune, devraient être confectionnés à l'avance et pendant l'armement du vaisseau; car il peut arriver, à la suite d'un dématage, qu'on soit forcé de faire hacher celui en place, pour être plus promptement prêt à faire de la voile, quand on se trouve près de la côte, ou en présence de l'ennemi.

Changer une Vergue de Hune à la mer.

Lorsqu'une vergue de hune est avariée ou entièrement cassée, il faut la remplacer le plus promptement possible par celle de rechange qui est ordinairement placée en dehors du bord dans les grands porte-haubans, ou dans la drome *.

Pour envoyer sur le pont la vergue avariée :

1° Déverguer le hunier, le garder dans la hune s'il n'a que de légères avaries ; dépasser les itagues de hune, palanquins et les cargues, larguer le racage et passer un bout de filin en faux racage autour de la vergue et du mât, pour la contretenir dans les mouvements du bâtiment.

2° Faire frapper une poulie sous l'avant des barres de perroquet, y passer la guinderesse (on peut plus facilement se servir d'une itague de hune lorsqu'elles sont doubles, parce qu'alors il n'est pas nécessaire de mettre une poulie sous les barres); amarrer le bout sur le milieu de la vergue, prendre du mou pour faire une bonne bridure sous le vent, au deux tiers de la vergue. Ranger des hommes sur la guinderesse, la balancine sous le vent et les bras de hune.

3° Abraquer vivement la guinderesse, la balancine sous le vent et le bras du vent, pour faire apiquer la vergue; décapeler les balancines et les bras, amener la vergue sur le pont.

Pour mettre la vergue de rechange en place :

1° Frapper la guinderesse ou l'itague de hune sur la vergue de rechange, que l'on a disposée et garnie de son gréement, pendant qu'on envoyait la vergue avariée sur le pont. Ensuite on prend du mou pour faire une bonne bridure aux deux tiers de la vergue, et une seconde plus près du bout, puis on range les hommes sur la guinderesse **.

2° Hisser la vergue. Lorsqu'elle est mâtée, larguer la bridure du bout, capeler les bras et balancines que l'on abraquera au fur et à mesure qu'on élèvera la vergue, à laquelle on passera un faux racage pour la maintenir contre le mât lorqu'elle sera à bonne hauteur.

3° Larguer la seconde bridure en contretenant la vergue avec la balancine sous le vent ; la croiser en abraquant sur la balancine et le bras du vent, faire le racage, passer les itagues, les cargues et enverguer le hunier.

Lorsque la vergue avariée n'est que craquée, il est possible de la rendre serviable en y ajoutant une bonne jumelle A (*figure* 5) qu'on maintient avec des cercles en fer et des roustures.

On peut aussi la réparer lorsque les deux bouts sont entièrement séparés; pour cela, après avoir rapproché les parties cassées, on les consolide avec quatre barres de cabestan, préparées comme on le voit (*figure* 6.) Ces barres sont encastrées de toute leur épaisseur sur les quatre côtés de la vergue, et sont liées par des cercles en fer B, la jumelle AA, et des roustures. (*Figure* 7.)

Dans le mois de février 1807, le vaisseau de 110 canons, le *Commerce-de-Paris*, monté par l'amiral Ganteaume, commandé par M. Violette, ayant eu ses deux basses vergues cassées par la chute des mâts de hune, dans un violent coup de vent de N.-O., éprouvé à la sortie de Toulon, on a pu les réparer à Corfou où l'escadre s'est rendue ; mais au lieu de quatre barres de cabestan, on en avait mis huit, et on avait enlevé les déchirures du bois aux endroits cassés de chaque vergue, ce qui avait un peu diminué leur longueur.

Le *Commerce-de-Paris* a continué la campagne avec l'escadre, a éprouvé du mauvais temps; il est ensuite rentré à Toulon où ses vergues ont été long-temps conservées comme modèle à suivre en pareille circonstance.

On pourrait peut-être réparer ainsi un mât de hune qui ne serait que

* Les vergues de rechange placées dans les porte-haubans, offrent des inconvénients graves, qui font sentir la nécessité de les avoir dans la drome, sur le pont ; surtout en temps de guerre et quand on navigue près des côtes, où l'on n'a pas toujours la facilité de prendre l'amure la plus favorable pour dégager ces vergues, lorsqu'on veut s'en servir. Elles peuvent aussi être avariées ou enlevées par la mer, dans les grands mauvais temps, dans les abordages et le combat.

** Les vergues de rechange placées dans la drome ou dans les porte-haubans doivent être garnies de leur gréement ; cette précaution est essentielle si on veut être en mesure de changer promptement une vergue avariée.

craqué ; après avoir encastré quatre barres de cabestan ou pièces de bordage B (*figure* 8) on les lierait avec des cercles en fer C, et des roustures en petit filin D, pour remplir les intervalles des cercles. Ces roustures bien suivées et garnies aux extrémités de petites langues de bois E clouées sur le mât, n'empêcheraient pas le racage de descendre et monter librement. Un tel mât pourrait encore rendre de bons services en ayant soin de le ménager dans les circonstances de la navigation, où l'on peut à volonté faire plus ou moins de voiles.

Pl. 42

P. C. Caussé.

à Nantes lith. de Charpentier père, fils & Cie Editeurs

Forcer de voiles pour s'élever de la côte.

Forcer de voiles pour s'élever de la côte.

Un bâtiment qui se trouve affalé sur une côte dangereuse avec du mauvais temps, ne doit pas hésiter de faire toute la voile possible pour s'élever au vent.

Si le temps est à grains et qu'ils soient fréquents, il faut commencer par établir sa voilure de manière à n'avoir que le perroquet de fougue à manœuvrer ; car en mettant la voile qu'on pourrait porter dans les intervalles des grains, il faudra amener ou carguer les huniers, quand ces grains donneront à bord, et pendant le temps qu'on passera pour rétablir ces voiles, on tombera sous le vent et on s'exposera aussi à les faire déchirer et emporter.

On prendra donc le ris des basses voiles, et aux huniers, tous les ris qu'on croira ne pas pouvoir porter ; ensuite on dépassera les mâts de perroquets pour soulager la mâture ; on mettra les faux bras, fausses écoutes et amures ; on appuiera fortement les galhaubans de travers et les bras du vent, ainsi que les haubans de racages, et on tiendra constamment des hommes aux écoutes des basses voiles pour être prêt à les filer au commandement qui en serait fait, si le bâtiment se trouvait trop chargé dans les grains.

On doit virer de bord dans les changements de vent un peu considérables, pour prendre la bordée qui éloigne le plus de la côte ; mais comme on sera toujours forcé de virer vent arrière à cause de la force du vent et de la mer, on ne virera que le moins souvent possible, afin de ne pas tomber sous le vent.

Avec de bonnes voiles, il n'est guère de mauvais temps qui puisse empêcher un vaisseau ou une frégate de s'élever de la côte, lorsqu'on aura pris toutes les précautions convenables pour bien appuyer la mâture, ménager les voiles, et qu'on aura manœuvré comme on vient de l'indiquer.

Une saute de vent.

Une Saute de Vent.

Il y a saute de vent toute les fois que sa direction change brusquement de plusieurs rhumbs. On ne parlera ici que de la plus dangereuse, de celle qui masquerait avec violence un bâtiment orienté au plus près ou largue.

Lorsqu'un tel changement doit avoir lieu, il est ordinairement précédé de circonstances qui ne peuvent guère tromper; les vents sont mous et variables par intervalles; la partie de l'horizon sous le vent se charge de gros nuages qui se meuvent dans une direction contraire au vent régnant, on y voit quelquefois de fréquents éclairs, il pleut abondamment. De nuit l'officier doit immédiatement diminuer de voiles, serrer les perroquets, carguer les basses voiles, la brigantine, hâler bas le grand foc et le remplacer par le petit, ensuite amener les huniers sur le ton, ou au moins être prêt à le faire, et veiller attentivement la saute de vent si bien indiquée, qui peut arriver à bord avec la promptitude et la violence de la tempête; alors on manœuvre pour arriver et présenter l'arrière au grain, devant lequel on fuit, ou on met en cape, si le mauvais temps continue.

De jour, il n'est pas nécessaire de primer autant de manœuvre; on peut attendre pour bien juger du changement et de la force du vent, pouvant avoir très-promptement tout l'équipage sur le pont.

C'est dans les mers resserrées que les sautes de vent sont plus fréquentes; dans l'Océan elles sont bien plus rares.

Quand on est surpris par une saute de vent, les huniers ne peuvent pas toujours amener, parce qu'ils sont masqués et chargés par le grain sur les mâts et le gréement. Par la même raison, les basses voiles ne peuvent se carguer; et si on en largue les écoutes et les amures, ces voiles ne s'en déchargent pas beaucoup plus. Le bâtiment cule avec vitesse en donnant une forte bande, et ce n'est que lentement qu'il parvient à arriver. Il est rare que dans cette position on ne fasse pas d'avaries graves; on peut rompre la barre du gouvernail et avarier ses ferrures, casser des mâts ou des vergues et déchirer des voiles.

Comme dans les sautes de vent il y a souvent de l'orage, on va indiquer les précautions à prendre dans cette circonstance :

1° S'assurer si les chaînes des paratonnerres se prolongent bien jusqu'à l'eau et si elles n'ont pas d'amarrages en fil de caret, qui peuvent rompre la continuité de ces conducteurs de l'électricité.

Pour que le bout de chaque chaîne qui va à l'eau ne soit pas en contact avec le cuivre de la carène et les clous des bordages, il doit passer dans un petit arc-boutant en bois placé dans le porte-haubau, que l'on peut pousser en dehors et rentrer à volonté; par ce moyen, les chaînes peuvent être isolées du bord lorsque l'orage survient.

2° On doit faire fermer les sabords des batteries et les panneaux pour empêcher autant que possible tout courant d'air dans l'intérieur du bâtiment. L'ancre du grand panneau doit se couvrir d'un paillet, car sans cette précaution elle pourrait être un conducteur dangereux.

3° Si l'orage est violent, il est prudent de carguer les voiles et de mettre en panne, pour éviter le grand déplacement d'air causé par la vitesse du bâtiment.

A la suite d'un orage, il est essentiel de faire visiter les compas de route et de variation; car il est quelquefois arrivé que les pôles des aiguilles aimentées ont été changés, ou ont éprouvé de grandes variations.

Si un incendie se déclarait par suite de l'orage, il faudrait en outre prendre les dispositions suivantes pour l'éteindre, qui sont aussi celles qu'on doit exécuter dans tous les autres cas d'incendie qui peuvent se manifester à bord d'un bâtiment :

1° Mettre promptement les pompes d'incendie en action, carguer et serrer les voiles pour empêcher le feu d'y communiquer, mettre en panne, arrêter la vitesse du bâtiment afin de pouvoir prendre facilement de l'eau le long du bord et pour diminuer les courants d'air à l'intérieur.

2° Faire battre la générale pour appeler l'équipage au poste de combat et ne prendre pour éteindre le feu que les hommes destinés au service de l'incendie, afin d'éviter la confusion et le désordre qui résulteraient nécessairement d'une trop grande quantité d'hommes réunis sur un seul point du bâtiment.

3° Si le feu menaçait les soutes à poudre, on s'empresserait de noyer les poudres au moyen des robinets placés exprès dans ces soutes.

4° Si le feu prenait dans les pièces d'eau-de-vie, dans du goudron ou de l'essence de térébenthine donnée pour la peinture, on ne pourrait parvenir à s'en rendre maître qu'en cherchant à l'étouffer au moyen de couvertures, matelas, petites voiles et hamacs mouillés.

L'eau-de-vie est ordinairement placée dans la cale à vin, sous le panneau, et de manière à ce que l'on puisse en prendre pour l'usage journalier, sans avoir besoin de lumière.

La térébenthine, qui est très-inflammable, doit être placée dans des caisses en fer et non dans des touques en terre, qui peuvent être dans les roulis. Ces caisses ne devraient pas être placées dans le n du bord, mais bien dans les hauts du bâtiment.

5° On doit ouvrir les robinets de la grande cale et y tenir des pour les veiller ; on doit aussi gréer les pompes, boucher les d pomper pour mettre de l'eau dans les batteries ; mais cette mes s'exécutera que dans le cas où l'on jugera que les moyens ordinair viennent insuffisants pour éteindre l'incendie.

6° De nuit, on doit immédiatement faire allumer les fanaux de des batteries et de l'entrepont.

Pl. 92

Forcer de voiles pour chasser ou fuir l'ennemi

Forcer de Voiles pour chasser ou fuir l'Ennemi.

Dans ce que l'on va dire sur les différents cas de chasse à la mer, on reproduira en partie les instructions données dans le *Manœuvrier* et la *Tactique Navale*; on y joindra aussi quelques observations essentielles faites pendant la guerre dernière, et pour faciliter l'intelligence des principes de chasse, on donnera des figures avec les explications.

Dans tous les cas de chasse, on doit d'abord s'assurer si l'on a l'avantage de marche. Le chasseur et le chassé doivent continuellement se relever pour manœuvrer à propos.

Si deux bâtiments font des routes parallèles, pour connaître le meilleur marcheur, ils devront se relever; celui des deux qui relèvera l'autre sur l'arrière du premier relèvement, aura l'avantage de marche. Au contraire, il marchera moins, s'il le relève sur l'avant de ce premier relèvement, et si le relèvement n'a pas changé les marches seront égales.

Si le bâtiment A (*figure* 9) relève d'abord le bâtiment B sous l'angle CAB, et que plus tard il le relève sous l'angle CAB' ou CAB", l'un plus grand et l'autre plus petit que CAB. Dans le premier cas, le bâtiment A aura gagné le bâtiment B de la quantité BB', et dans l'autre, il aura culé de la quantité BB". Si l'angle CAB n'a pas changé, les marches seront restées les mêmes.

Si un bâtiment est dans les eaux d'un autre, il sera facile de connaître s'il marche mieux par l'agrandissement de l'objet, soit à la vue simple ou en mesurant avec un instrument à réflexion la hauteur des mâts au-dessus de l'horizon.

Si le bâtiment A (*figure* 10) relève la hauteur de la mâture du bâtiment B, sous l'angle BAC, et que plus tard il la relève sous l'angle plus grand BA'C, ou l'angle plus petit BA"C. Dans le premier cas, le bâtiment A se sera rapproché du bâtiment B de la quantité AA', et dans le second, il s'en sera éloigné de la quantité AA"; si l'angle BAC reste le même, la distance BA n'aura pas changé, et les marches seront égales.

Lorsque deux bâtiments courent au plus près à contre-bord, si l'un des deux mesure l'angle que forme la hauteur de la mâture, avec l'horizon, lorsqu'il se trouvera dans la perpendiculaire à la route de l'autre, et qu'il mesure encore ce même angle de la mâture, lorsqu'il le relèvera dans la perpendiculaire à la direction de sa route, la différence des angles, fera connaître lequel des deux marche le mieux.

Soit A et B (*figure* 11), deux bâtiments à contre bord, au plus près du vent, lorsque le bâtiment A sera rendu en A', dans la perpendiculaire à la route du bâtiment B, il observera la hauteur de sa mâture; s'il l'observe encore lorsqu'il sera arrivé en A" où le bâtiment B est arrivé en B", dans la perpendiculaire à sa route, le second angle étant plus grand que le premier, le bâtiment A marchera mieux que le bâtiment B. S'il était plus petit, il marcherait moins; car les deux bâtiments se sont relevés dans deux circonstances de leurs routes, où ils devaient se trouver à même distance, si les marches avaient été égales.

Connaître si on est au Vent ou sous le Vent d'un Bâtiment.

On est au vent d'un bâtiment, si on le relève sous le vent de la perpendiculaire du vent; on est sous le vent, si on le relève au vent, et on est également au vent si on le relève dans la direction de cette perpendiculaire; dans ce cas, et à marche égale, les bâtiments doivent se rencontrer au point d'intersection de leurs routes, s'ils prolongent assez leurs bordées.

Soit CD (*figure* 12), la direction du vent; A et B deux bâtiments à contre-bord, qui se relèvent sur la ligne AB, perpendiculaire à CD. Ces deux bâtiments seront également éloignés du point C du vent, à marches égales ils se rencontreront au point E, puisque AE est égale à BE. bâtiment A relève le bâtiment B en B' ou en B", dans le premier sera au vent, la distance CB' étant plus grande que CA, et dans cond il sera sous le vent, B" C étant plus courte que CA.

Déterminer le moment où l'on est le plus près d'un Bâtiment,

Vers lequel on fait une route indirecte.

Lorsque deux bâtiments font des routes parallèles, ils sont le plus rapprochés quand ils se relèvent sur la perpendiculaire à leur route.

A et B (*figure* 13) étant deux bâtiments faisant des routes parallèles, quand ils se relèveront selon la ligne AB' perpendiculaire aux deux routes, ils seront le plus rapprochés, les lignes obliques BA et BA" étant toutes deux plus grandes que BA'.

Ainsi, le bâtiment A s'approchera continuellement du bâtiment B, jusqu'à ce qu'il soit arrivé en A', et à partir de ce point il s'en éloignera de plus en plus.

Deux bâtiments étant à contre-bord, si les routes ne sont pas parallèles, ils seront le plus près possible, lorsqu'ils se relèveront dans le lit du vent; les routes seront convergentes jusqu'au moment de ce relèvement; mais après elles deviendront divergentes, et les deux bâtiments s'éloigneront. C'est du moins le principe émis dans la *Tactique Navale*; mais il n'est pas général, et souffre des modifications qui se trouvent démontrées dans la figure suivante.

Lorsqu'on chasse un bâtiment entièrement libre dans sa manœuvre, il est admis comme règle générale qu'on doit virer de bord à l'instant où la bordée qu'on courait éloigné du bâtiment chassé. La détermination de ce point est fondée sur le principe suivant.

Deux bâtiments à contre-bord, suivant des routes quelconques, leur plus petite distance, lorsqu'ils se relèvent sur la perpendiculair direction suivant laquelle ils se relèveraient, si toutes choses d'ailleurs, on les supposait partis du même point en même temps.

Soit A et B les deux bâtiments AM et BN (*figure* 14) la direct leurs routes; supposons que ces bâtiments soient partis ensemble du A, le premier se dirigeant toujours suivant AM et le second suivant parallèle à BN. Si l'on prend sur ces droites deux grandeurs AO et proportionnelles aux vitesses des bâtiments, les deux points O et P mineront la droite OP ou OF, suivant laquelle les deux bâtimer relèveront constamment. Il s'agit de prouver que lorsqu'ils seront par en deux points L et D, tels que DL soit perpendiculaire sur OI seront à leur plus courte distance.

Soient C et G, les points où se trouvent les deux bâtiments une m (ou tout autre intervalle de temps) après s'être trouvés en L et D; I DG, représentant les chemins parcourus dans un même temps, do être proportionnels aux vitesses, et par conséquent aux lignes AO et si donc on prend LV, égale et parallèle à DG et qu'on mène VC formera un triangle LCV, semblable au triangle APO, puisque ces triangles auront un angle égal compris entre deux côtés proportion donc CV est parallèle à OF et perpendiculaire sur DL. Si maintenant on mène VG, on formera un parallélograme VGDL, puisque VL a été faite égale et parallèle à GD; ainsi VG est égale et parallèle à DL, et par conséquent perpendiculaire à VC; or, la distance CG oblique, est plus grande que GV, ou son égale DL. On prouverait de la même manière que IH, distance précédente à celle DL, est plus grande que cette dernière; donc enfin DL perpendiculaire à la ligne de relèvement VC des vitesses, est la plus petite distance des deux batiments lorsqu'ils sont à contre-bord *.

Actuellement, si on suppose les marches égales, VL sera égale à LC, et l'angle VLC des deux routes du plus près, sera divisé en deux parties égales par la ligne DL, qui alors ne sera autre chose que la direction du vent. De là il faut conclure que la plus courte distance entre deux bâtiments faisant route à contre-bord au plus près du vent ou largue sera, à marche égale, lorsqu'ils se relèveront dans la direction du vent, comme l'indique la *Tactique Navale*; à marche supérieure de l'un des bâtiments, cette plus courte distance sera, lorsqu'ils se relèveront après avoir dépassé de quelques degrés la direction du vent et à marche inférieure, cette même distance se trouvera quelques degrés avant d'arriver à se relever dans la direction du vent.

* Cette démonstration est de M. Courtin, lieutenant de vaisseau en retraite depuis 1814.

Cette théorie est celle que l'on devra appliquer lorsqu'on voudra chasser un bâtiment qui se trouvera au vent.

Dans l'introduction à la *Tactique Navale*, on a fait une erreur en posant comme principe général que deux bâtiments à contre-bord étaient à leur plus courte distance lorsqu'ils se relevaient dans la ligne de la direction du vent, cela n'étant vrai que lorsque les marches sont égales.

M. Bourdé, dans son *Manœuvrier*, a aussi commis une erreur en disant que la plus courte distance entre deux bâtiment à contre-bord était quand le chasseur relevait le chassé dans la perpendiculaire à sa route : pour que cette circonstance fut toujours vraie, il faudrait supposer au chasseur un très-grand avantage de marche.

Quand on sera à contre-bord et que l'on chassera un bâtiment au vent, ce qui suppose toujours une marche supérieure, le moment favorable pour virer, celui où on sera le plus près du bâtiment chassé, se trouvera quelques degrés après avoir dépassé le lit du vent.

Comme il peut arriver, dans plusieurs circonstances de la navigation, qu'on soit obligé de chasser un bâtiment au vent, malgré qu'on ait reconnu d'abord avoir une marche égale et même inférieure; le moment favorable pour virer, celui où l'on sera le plus près du bâtiment chassé, quand on sera à contre-bord, se trouvera, à marche égale, lorsqu'on se relèvera dans la direction du vent, et à marche inférieure, lorsqu'on se relèvera quelques degrés avant d'arriver dans cette même direction du vent. Ce qui vient d'être démontré par la *figure* 14.

Etant au Vent, chasser un Vaisseau sous le Vent.

Le vaisseau au vent qui veut en chasser un autre qui est sous le vent, doit se mettre au même bord, ensuite arriver pour mettre le cap dessus, et continuer de le relever à la même aire de vent, pour le joindre par la route la plus courte, en le coupant sur l'avant, afin de l'empêcher de gagner au vent.

Soit A (*figure* 15). Le vaisseau chasseur qui relève au compas le vaisseau chassé B dans la ligne AB du nord-nord-est, en laissant arriver de quelques rhumbs, gouvernant selon la direction AC, et relevant toujours le vaisseau B dans la ligne du nord-nord-est, il est évident que le chasseur finira par le joindre au point C, et par la route la plus directe, si toutefois il marche mieux.

Etant sous le Vent, chasser un Vaisseau au Vent.

D'APRÈS les principes qui ont été démontrés (*figure* 13, et *figure* 14), le chasseur ayant une marche supérieure, prendra la bordée qui le rapprochera le plus du vaisseau chassé, et continuera ses bordées, en ayant soin de virer de bord toutes les fois qu'il le relèvera dans la perpendiculaire à sa route, étant au même bord, et s'il est à bord opposé, il virera après avoir dépassé le lit du vent d'un nombre de degrés qui ne peut être déterminé qu'en raison de la supériorité de marche du chasseur sur le chassé; toutefois, on ne devra pas dépasser le relèvement de la perpendiculaire à la route qu'on suit, parce qu'alors les bâtiments s'éloigneraient.

Le vaisseau A (*figure* 16) étant sur le même bord que le vaisseau chassé B, lorsqu'il sera arrivé en A' où il le relèvera selon A'B' perpendiculaire à la route, il virera de bord et prolongera sa bordée jusqu'en A'', où relevant alors le vaisseau chassé suivant B''A'', quelques degrés après avoir dépassé la direction ou le lit du vent B''D, il virera de nouveau et il continuera ainsi ses bordées jusqu'à ce qu'il soit arrivé assez près pour combattre avec avantage *.

On remarquera que le chasseur a viré toutes les fois qu'il s'est trouv au point le plus rapproché des deux routes, soit au même bord ou contre-bord. C'est en manœuvrant ainsi qu'on parvient à joindre le bâtimen chassé par le chemin le plus court. En se conformant autant que possib à ces principes, il faut cependant éviter de courir de trop grandes bordées car il pourrait arriver qu'on ne soit pas en bonne position pour profite d'un changement de vent, qui deviendrait très-avantageux au bâtimen chassé, si le chasseur s'en trouvait trop éloigné.

* On ne peut préciser ici de combien de degrés il faudra dépasser le lit du vent, car cela dépendr de la supériorité de marche qu'on supposera avoir sur le bâtiment chassé, plus elle sera grande plus l'angle formé par la direction du vent et la ligne de relèvement des bâtiments, augmentera, observera toutefois que cet angle sera le plus grand possible, et qu'on ne pourra le dépasser lorsqu'on sera arrivé à relever le bâtiment chassé dans la perpendiculaire à la route qu'on suit.

Prendre chasse étant sous le Vent, ou au Vent.

SI le bâtiment chassé est sous le vent, il courra à l'aire de vent qui l'éloigne le plus du chasseur, soit en prenant le bord opposé, ou en gouvernant plus arrivé, suivant l'allure sous laquelle on sait avoir la meilleure marche.

Si le bâtiment chassé est au vent, il prendra le bord qui l'éloignera le plus de l'ennemi, et si le vent change, il changera aussi sa bordée pour prendre celle qui placera le chasseur sur l'arrière de la perpendiculaire sa route. Il réglera ensuite sa manœuvre sur celle du chasseur, et il attendra pour virer de bord que l'autre bâtiment envoie vent devant.

Cependant le bâtiment chassé peut chercher à connaître le degré d'habileté du chasseur, avant de virer en même temps que lui ; ainsi les bâtiments étant à bords opposés, si le chasseur continuait sa bordée, après avoir dépassé le lit du vent et au point où il était le plus près du chassé, il y aura avantage pour ce dernier de continuer sa bordée ; car les bâtiments s'éloigneront d'autant plus que le chasseur tardera davantage à virer. Les bâtiments étant sur le même bord, si le chasseur continue sa bordée après avoir dépassé la perpendiculaire à leurs routes, le chassé devra virer immédiatement, puisque les routes deviendront divergentes dans un très-grand rapport.

Si par suite d'une variation de vent ou d'une bordée prolongée du chasseur, le bâtiment chassé vient à le relever dans la perpendiculaire du vent, s'il a un très-grand désavantage de marche au plus près, il devra arriver et courir trois ou quatre quarts largue en se couvrant de bonnettes.

Les principes qu'on vient de poser peuvent être modifiés suivant les circonstances de houle, de courants, de variations de vents, et autres causes locales.

Lorsqu'il ventera grand frais, on prendra les précautions indiquées à l'article forcer de voiles, pour s'élever de la côte, afin d'éviter des avaries aux voiles et à la mâture ; mais on ne dépassera pas les mâts de perroquets et on laissera même les vergues en croix.

Comme il est important avant de commencer à chasser de connaître la force du bâtiment dont souvent on aperçoit que les mâts supérieurs, voici sur quoi on pourra s'appuyer pour former son jugement :

Etant sur le pont de son bâtiment, si on aperçoit la totalité des perroquets d'un autre bâtiment et qu'après être monté sur les barres, on découvre de là le pont du bâtiment étranger, on peut en conclure que les deux bâtiments sont de même grandeur, puisque les mâtures sont égales en hauteur. Si on aperçoit non-seulement le pont, mais tout le corps du navire et même l'horizon par delà, il a une mâture moins haute et est par conséquent moins fort. Cependant on a vu très-souvent faire les erreurs les plus grossières en s'appuyant sur ces données, que l'état de l'atmosphère peut contribuer à augmenter.

Quand on voit le bâtiment par le travers, la distance entre le grand mât et le mât de misaine, est une donnée presque certaine ; lorsque cette distance est petite comparativement à la hauteur des mâts, le bâtiment est de peu d'importance.

La grandeur des perroquets, des cacatois, leur coupe, la hauteur des flèches, la manière dont les voiles sont orientées, celles qui sont dehors ensemble, servent souvent à distinguer un bâtiment de guerre, d'un bâtiment marchand quand on a un peu d'expérience de la mer.

Lorsqu'on aperçoit le corps du bâtiment, on ne peut avoir aucun doute sur sa force en comptant le nombre de ses batteries et de ses sabords ; cependant un vaisseau peut n'avoir qu'une seule batterie peinte en jaune et être pris au premier aspect pour une frégate, mais cette erreur ne peut durer long-temps.

On distingue les frégates du premier rang de celles des rangs inférieurs par le nombre des sabords de la batterie ; les plus grandes ont jusqu'à 16 sabords, y compris celui de chasse, et le même nombre sur les gaillards ; les plus petites 14 sabords à la batterie, et 9 ou 10 aux gaillards. On distingue aussi un vaisseau rasé d'une grande frégate par la bouteille dont le cul de lampe se trouve dans l'alignement de la batterie, tandis qu'il est au-dessous dans les grandes frégates. (*Voyez pl.* 8.)

Les bâtiments de guerre emploient quelquefois des moyens pour masquer leur force et tromper l'ennemi. Par exemple, ils ont le mât de perroquet et celui de perruche dépassés pour ressembler à un bâtiment de commerce ; ils masquent leurs batteries avec des prélarts ou mettent des objets à la traîne pour ralentir leur marche ; ils peuvent aussi arborer le pavillon d'une autre nation maritime. Les signaux de reconnaissance qu'on doit faire de bonne heure serviront à lever les doutes dans cette dernière circonstance.

Lorsque le chasseur est arrivé dans les eaux, et à portée de canon du bâtiment chassé, ce dernier doit beaucoup tirer en retraite pour chercher à dégréer l'ennemi, chaque commotion est favorable à sa marche. Cet effet est contraire pour le chasseur qui d'ailleurs peut rarement tirer en chasse sans se déranger de sa route, et par conséquent retarder le moment de joindre le bâtiment qu'il veut atteindre.

Un bâtiment chassé par des forces bien supérieures et sur le point d'être atteint, cherche souvent à s'alléger et jetant beaucoup de choses à la mer, dans l'espoir d'augmenter sa vitesse. Il change aussi le tirant d'eau en déplaçant du lest volant, ou bien il change le centre d'effort de sa voilure en décoinçant les bas-mâts et en les faisant tomber sur l'avant ou sur l'arrière. Ces changements ne réussissent pas toujours; mais on doit les tenter lorsqu'il est évident qu'on sera joint, si on ne parvient pas à augmenter sa marche.

Tout en faisant ce qu'il est possible pour se soustraire à l'ennemi, on n doit pas jeter de canons à la mer; il faut au contraire se préparer au comba pour soutenir l'honneur du pavillon, et ne pas désespérer de sa fortune souvent une manœuvre hardie peut réussir, soit en laissant arriver o en virant de bord pour lâcher une bordée dans la mâture de l'ennemi qu l'on peut désemparer d'une voile majeure et s'échapper. De nuit, on cher chera à faire fausse route; de jour, on attendra le moment d'un grai pour exécuter cette manœuvre, qui peut mettre en très-peu de temp le bâtiment chassé dans une position avantageuse relativement au chasseu

Bâtiments fuyant devant la tempête.

Bâtiments fuyant devant le Temps.

Les grands bâtiments cèdent quelquefois à la tempête; lorsque le vent et la mer sont trop violents, ils arrivent vent arrière pour fuir devant le temps. Il est nécessaire alors d'avoir assez de voiles pour faire grand sillage, afin d'empêcher la mer d'atteindre l'arrière du bâtiment. Les voiles hautes, le grand hunier qui ne se dévente jamais quelle que soit la profondeur des lames, est une voile qu'on doit mettre de préférence; la misaine seule ne serait pas suffisante, car elle pourrait se trouver abritée par la hauteur de la mer. On conserve le petit foc pour modérer au besoin les trop grandes embardées du bâtiment. Toutes les mesures de sûreté indiquées à l'article Cape, doivent être observées.

Les bâtiments légers n'ont pas toujours la ressource de fuir vent arrière comme les grands bâtiments, parce que souvent ils ne peuvent porter assez de voiles hautes pour se soustraire aux coups de mer, qui alors pourraient les atteindre par l'arrière et les mettre dans le plus grand danger. De nuit, surtout, il est plus prudent de garder la cape quelque pénible qu'elle soit.

56

Pl. 20.

Bâtiment engagé coupant sa mâture.

Bâtiment engagé, coupant sa Mâture.

Un bâtiment est engagé lorsqu'il est couché sur le côté sans pouvoir se relever. Dans cette grande inclinaison, le métacentre * s'est assez rapproché du centre de gravité, pour que la résistance du fluide sur les parties de la carène en dessus du centre de gravité, soient en équilibre avec le poids de l'arrimage, placé en dessous de ce même centre de gravité.

Dans cette position le bâtiment est en danger de sombrer ; le gouvernail presque tout entier hors de l'eau est sans action, puisqu'il n'y a presque plus de sillage. Ne pouvant arriver, on n'a souvent d'autre moyen de sortir de cette position désespérante, qu'en coupant la mâture.

Lorsqu'on s'y décide on coupe promptement les haubans et galhaubans du vent, ensuite on fait hacher les mâts qui tombent sitôt qu'ils ne sont plus soutenus par les agrès. Délivré de ces grands bras de léviers, le bâtiment se relève ; alors on s'empresse de faire couper les haubans et galhaubans sous le vent, pour mettre les mâts coupés en dérive et éviter qu'ils n'endommagent la carène, contre laquelle ils peuvent frapper avec assez de force pour enfoncer les bordages, dans les grands mouvements de roulis et de tangage.

Sans mâts le bâtiment est horriblement tourmenté par la grosse mer ; on cherchera alors à arriver vent arrière pour travailler plus facilement à installer des mâts de fortune, avec des mâts de hune et des vergues de rechange.

Dans cette position, les canons doivent être maintenus à la serre par tous les moyens possibles ; on renforcera leurs amarrages par des grelins passés sur l'arrière des affûts et fortement bridés aux boucles qui sont sur le pont des batteries, on clouera des cabrions en arrière des roues.

Quand on coupe la mâture sans être engagé, il est de règle de couper les haubans et galhaubans sous le vent, avant ceux du vent, afin que les mâts laissent de suite le bâtiment ; mais lorsqu'on est trop engagé, on est trop pressé de faire tomber les mâts pour prendre cette précaution ; on coupe de suite au vent. D'ailleurs, il serait impossible de pouvoir couper sous le vent, le côté du bâtiment étant en partie sous l'eau **.

* Le métacentre s'obtient par l'intersection de la verticale qui passe par le centre de gravité de la carène et la direction de la résultante du fluide sur cette carène, qui se fait verticalement.

Plus la distance du métacentre au centre de gravité diminue, moins le bâtiment a de stabilité.

Soit HO, la ligne de flottaison de la carène, G le centre de gravité (*figure* 17), en supposant que dans une inclinaison du bâtiment, la ligne AB ait pris la position ED et que NL soit la résultante de la résistance verticale du fluide sur la nouvelle position de la carène, le point N sera le métacentre et NG ou KG, la distance de ce point au centre de gravité, qui sert de mesure pour la stabilité.

Si la ligne *ab* représente une autre inclinaison de la carène, plus forte que la première, le point *m* sera le métacentre, et G*m* étant plus petite que GN, le point G et le point N se seront rapprochés, et plus ils se rapprocheront, plus aussi le bâtiment inclinera, par conséquent moins il y aura de stabilité ; et quand ces deux points se confondront, ce qui est presque impossible dans un bâtiment bien arrimé, on sera en danger de chavirer. (*Encyclopédie, article marine.*)

** Lorsqu'on est engagé, la résistance du fluide sur la carène se porte bien en avant du centre de gravité, puisque la résultante de l'impulsion du vent sur les voiles qu'on a devant et qui sont très-inclinées, fait beaucoup plus plonger l'avant que l'arrière. Delà, la difficulté que l'on éprouve pour faire arriver, soit qu'on parvienne à mettre des voiles de l'avant ou qu'on diminue la résistance du vent sur le gréement de l'arrière, en coupant le mât d'artimon. Cette manœuvre qui semble devoir être efficace pour faire arriver le bâtiment, ne fait souvent que compliquer sa position, puisque l'augmentation des voiles de l'avant tend encore à faire coucher le bâtiment, et que la diminution de poids sur l'arrière par la chute du mât d'artimon, fait plonger davantage l'avant et par conséquent augmenter la résistance du fluide, en même temps qu'elle diminue encore l'action du gouvernail.

Dans cette position, il faudrait donc manœuvrer d'une manière toute contraire pour faire arriver le bâtiment, et chercher à ramener la résistance du fluide sur l'arrière, ce qui ne peut avoir lieu qu'en soulageant l'avant le plus promptement possible, en filant les écoutes des voiles de l'avant, et enfin en coupant le mât de misaine si le bâtiment ne se relevait pas.

Pl. 97

Vaisseau à l'ancre dans une rade foraine.

Vaisseau à l'ancre dans une Rade foraine.

QUAND on est mouillé dans une rade ouverte, on doit prendre les précautions nécessaires pour en appareiller promptement, si le temps devenait mauvais, et pour tenir sur ses ancres dans le cas où l'appareillage deviendrait impossible.

On prendra deux ris aux huniers, on les serrera et on aura toutes les manœuvres en appareillage. Le cabestan sera garni de ses barres et la tournevire élongée dans la batterie, afin d'être prêt à virer promptement sur le cable.

On passera les guinderesses et les drisses de basses vergues, et on disposera toutes les manœuvres pour être en mesure de recaler promptement les mâts de hune.

On étalinguera des cables aux ancres des porte-haubans, et on les mettra en mouillage.

Ces dispositions faites, si un coup de vent se déclare avec violence et rend l'appareillage impossible, on manœuvrera comme il suit pour tenir au mouillage avec ses ancres.

On commencera par laisser tomber la seconde ancre de bossoir, et on filera la chaîne de la première pour les faire travailler ensemble avec de longues touées ; on dépassera les mâts de perroquets, on amenera les basses vergues, et on recalera les mâts de hune. Si on chasse malgré ces précautions, on mouillera une troisième ancre avec 100 brasses de bitture et on fera monter sur le pont l'ancre de la cale pour y mettre le jas et un cable, qu'on étalinguera au grand mât dans la batterie haute. Cette ancre sera mise en mouillage en dehors du bord, par le travers de l'échelle des passavants.

Les trois ancres mouillées travaillant ensemble, si on continue de chasser, on mouillera la quatrième, et enfin la cinquième et dernière, si on menaçait encore d'aller à la côte *.

* On ne négligera pas de faire étalinguer les ancres à jet des grands porte-haubans avec des grelins; elles peuvent servir avec avantage à empenneler les grosses ancres en les mouillant en même temps que ces dernières. Il n'est pas nécessaire que les ancres de veilles aient des orins et des bouées, parce qu'ils peuvent s'engager dans les cables des premières ancres mouillées.

Toutes les ancres étant dehors, on n'a plus d'autre ressource que de couper la mâture en commençant par le mât d'artimon. La tempête se faisant sentir avec plus de violence et les câbles cédant aux efforts réitérés des tangages, on n'attendra pas à voir rompre le dernier, on le coupera pour faire côte dans l'endroit qu'on aura jugé le plus favorable pour sauver l'équipage. Si la civadière était enverguée, on s'en servirait avec avantage pour abattre et diriger le bâtiment, qui ne peut avoir d'autres voiles à présenter au vent, n'ayant plus de mâts *.

Les acculées du bâtiment étant très-fortes dans les mouvements de tangage, les fausses fenêtres des chambres doivent être en place, les sabords fermés et les canons à la serre.

Les cables éprouvant de continuels frottements aux écubiers et aux bittes, ils auront besoin d'être filés très-souvent pour rafraîchir les paillets et les tours de bittes. Ces précautions ne seront pas nécessaires pour les chaînes.

Pour filer les cables sans craindre d'être gagné, on frappera dessus des caliornes qu'on filera à retour après avoir levé les bosses. Les pailles de bittes doivent être en place pour empêcher les cables de décapeler des montants de bittes.

Dans les grands tangages, la gatte ne suffisant pas toujours pour contenir l'eau qui entre par les quatre écubiers, elle se rend dans la batterie où elle gêne beaucoup la manœuvre des cables et oblige à condamner les panneaux, pour éviter qu'elle ne tombe dans les parties basses du bâtiment. C'est dans une telle circonstance qu'on sent bien tout l'avantage d'avoir une gatte spacieuse avec de larges dalots, pour qu'elle se vide promptement.

Les chaînes n'ayant pas l'élasticité des cables, sont plus susceptibles de se rompre ; il y a choc violent dans les grands tangages parce que la chaîne se tend brusquement, surtout si on n'a pas de longues touées dehors. Il sera donc essentiel de s'amarrer de suite en filant 150 à 160 brasses

* On ne se décidera à couper le dernier cable pour faire côte, que dans le cas où il sera bien évident qu'en attendant davantage, on pourra tomber sur des rochers qui ne laisseront aucun espoir de sauver l'équipage.

de chacune des deux chaînes; le grand poids de ces touées fera qu'elles se tendront par un mouvement lent et progressif qui atténuera beaucoup la force des tangages. Les ancres recevant alors des saccades moins violentes, sont aussi bien moins susceptibles de casser et tiennent mieux sur le fond. Il est probable qu'un bâtiment amarré de cette manière résistera à un coup de vent dans une rade ouverte où la tenue sera bonne. Il y aura toutefois une grande surveillance à exercer sur les bittes, des dispositions à prendre pour les consolider et éviter qu'elles ne soient pas arrachées.

Pl. 38

P. C. Causeré

à Nantes lith.ie de Charpentier père fils & C.ie éditeurs

Le naufrage

Le Naufrage.

QUAND un bâtiment se trouve affalé sur une côte dangereuse, après avoir lutté avec persévérence contre du mauvais temps qui lui a fait perdre une partie de ses voiles, ou qui ne lui a pas permis d'en porter assez pour s'élever au vent, il est souvent forcé de faire côte s'il ne peut se réfugier dans un port.

Dans cette triste position, on est encore heureux si on peut trouver une petite baie où l'on présume pouvoir échouer avec des chances de sauver l'équipage; mais avant d'y conduire le bâtiment, on fera tout ce qu'il est possible pour se préserver du naufrage, en cherchant à tenir sur ses ancres, ce qui peut fort bien réussir si on a le bonheur de rencontrer un fond sur lequel la tenue soit bonne.

Ayant travaillé d'avance à étalinguer des cables à toutes les ancres et pris de longues bittures, on laissera arriver vers l'endroit choisi pour faire côte. En venant au vent on mouillera les deux ancres de bossoir, peu après celles des porte-haubans et même l'ancre de la cale, si on a pu la mettre en mouillage; les bittures seront calculées pour que toutes ces ancres travaillent ensemble.

Si on chasse et qu'on craigne de ne pouvoir tenir plus tard, on coupera la mâture qu'on mettra de suite en dérive, et on travaillera à construire un ras léger avec des barriques et des espars; on y mettra un petit mât avec plusieurs haubans, qui serviront de filières pour tenir les hommes lorsqu'on s'en servira pour sauver l'équipage.

Ces dispositions prises, on attendra l'évènement avec patience et résignation. C'est dans ces moments difficiles qu'il est essentiel de maintenir, par sa fermeté et son sang-froid, l'ordre et la subordination parmi l'équipage, qui doit obéir ponctuellement aux ordres du commandant, dont le savoir et l'expérience doivent inspirer toute confiance. Enfin, si les ancres ne peuvent tenir, on fera nécessairement côte. On mettra à la mer, à force de bras, le ras qui servira à établir un va-et-vient avec la côte, et sur lequel ensuite on sauvra l'équipage par portions.

Après le naufrage, il est du devoir du capitaine de faire recueillir les débris et d'attendre que le mauvais temps soit passé, pour sauver tout ce que l'on pourra de l'armement du bâtiment.

Dans un naufrage où il n'y a point d'ordre, chacun étant à-peu-près libre de laisser le bâtiment, on perd nécessairement beaucoup d'hommes. Ceux qui savent nager s'exposent les premiers et périssent presque toujours victimes de la confiance qu'ils ont eue dans leurs forces; ceux qui ont le bonheur de conserver assez de sang-froid pour attendre, et ceux qui ne savent pas nager, réussissent presque toujours à se sauver.

On a pas parlé des canots, parce qu'ils ne peuvent être d'aucune utilité dans cette circonstance, et que d'ailleurs ils sont bientôt emportés par la mer qui déferle avec violence et couvre le bâtiment, lorsqu'il est encore sur ses ancres.

Sur les côtes de l'Océan, où il y de grandes marées, il faut autant que possible attendre que la mer soit haute pour faire côte, parce qu'il sera plus facile de sauver l'équipage lorsqu'elle sera basse.

Outre le ras dont on se sert pour sauver l'équipage, on peut conserver un des mâts coupés, en le tenant filé à bonne distance du bâtiment.

Bâtiment échoué sur un haut fond.

Bâtiment échoué sur un haut Fond.

Quand un bâtiment est échoué sur un haut fond où il aura été conduit par des circonstances malheureusement trop ordinaires, lorsqu'on navigue dans des mers qui ne sont pas bien connues, ou près des côtes d'un difficile accès, dans le parage des bancs, des grandes marées et des courants, si le vent est maniable et la mer belle, il est rare qu'on ne parvienne pas à relever ce bâtiment, s'il n'est échoué que sur un fond mou ; et lorsqu'il est sur un fond dur, on peut aussi le mettre à flot, si toutefois il n'est pas défoncé dès le premier moment de l'échouage.

Presque toujours on échoue par l'avant, et il faut avoir beaucoup d'aire, pour qu'on le soit dans toute la longueur du bâtiment.

Sur une côte où il y a des marées, il est moins dangereux d'échouer de mer basse, car on est certain de retirer le bâtiment en élongeant vers l'arrière des ancres à jet, sur lesquelles on vire au fur et à mesure que la mer monte. Si l'arrière ne touche pas, on y fait passer des canons et le lest volant, et on vide les caisses à eau, en commençant par l'avant de la cale.

Mais si on est échoué de mer haute, on ne parviendra à sauver le bâtiment qu'en opérant promptement et de la manière suivante :

1° Après avoir serré les voiles, on mettra toutes les embarcations à la mer et on embarquera une grosse ancre à jet dans le grand canot, pour aller la mouiller sur l'arrière du bâtiment dans la direction de la quille, à la distance de deux grelins, sur lesquels on hâlera la chaloupe pour aller mouiller une grosse ancre de bossoir qui devra être empennelée.

2° Embarquer une grosse ancre de bossoir dans la chaloupe (on la prend ordinairement en cravate), en faire soutenir le cable ou la chaîne par les canots, lorsqu'on se hâlera sur les grelins élongés de l'arrière; mouiller cette ancre le plus loin possible, prendre le bout du cable par l'arrière et virer dessus, ainsi que sur l'ancre à jet.

3° Dépasser les mâts de perroquets et recaler les mâts de hune pendant qu'on élonge les ancres. Vider les caisses à eau lorsque les cables sont roidis, et faire passer l'artillerie sur l'arrière si cette partie est encore à flot.

Sur un fond mou où l'on suppose que le bâtiment se tiendra droit à mer basse, et sur lequel on ne craindra pas qu'il défonce en tombant sur le côté, ces dispositions sont suffisantes pour les premiers moments de l'échouage, et donnent le temps de prendre d'autres mesures pour alléger entièrement le bâtiment, et pour appliquer à l'extérieur de sa carène, un chapelet de pièces à eau, qui serviront à le faire flotter plus promptement à une seconde marée.

Mais si on est sur un fond dur, il faut de suite mettre tous les mâts de hune et toutes les vergues, le guy et le baton de foc en dehors du bord, tribord et bâbord, ou d'un seul côté, si la bande est déjà marquée, afin de servir de béquilles et d'empêcher le bâtiment de tomber sur le côté ; ensuite on l'allègera par tous les moyens possibles *.

En jetant les canons à la mer, on les débarquera du côté opposé où l'on supposera que le bâtiment devra donner la bande, pour éviter qu'il tombe dessus et s'y défonce. S'il y a du doute sur le côté où doit tomber le bâtiment, les canons seront débarqués par l'avant.

4° Enfin, si on perd tout espoir de sauver le bâtiment et qu'on soit éloigné de terre et de tout secours, on construira un ras ** ; on l'installera demanière à

* La batterie basse devant rester fermée après avoir jeté les canons à la mer, chaque béquille sera solidement établie contre le bord par de fortes bridures passées par les sabords des batteries hautes, et avec des caliornes bien ridées. Ce système d'accores travaillant ensemble pourra soutenir le bâtiment à la mer basse et donner le temps d'appliquer le chapelet de pièces vides dont nous avons parlé précédemment. Pour préserver le gouvernail et ses ferrures, il sera nécessaire de le soulager ou de le démonter entièrement.

** Le ras étant destiné à recevoir l'équipage et des vivres, il doit être rendu susceptible de supporter une grande charge et pour cela construit avec le plus de pièces de mâture possible. Après avoir débarrassé les bas mâts des hunes et de leur grément, on les coupera près le pont en prenant, avec des palans, les précautions nécessaires pour les faire tomber à la mer ; tous les autres mâts et toutes les vergues devront aussi être employés et liés ensemble avec beaucoup de solidité. On devra placer entre eux des pièces à eau vides, pour que le ras se maintienne le plus élevé possible, malgré sa charge. C'est aussi dans des pièces bien fermées que le biscuit, l'eau et l'eau-de-vie devront être placés sur le ras; ces pièces seront fortement saisies et de manière à former en même temps un garde-corps pour préserver les hommes des effets de la grosse mer.

Le ras achevé, on devra établir dessus un plancher ou clairvoir à l'aide de caillebotis, de planches et de petites pièces de mâture.

On doit aussi élever un ou plusieurs petits mâts garnis de voiles, se munir d'instruments nautiques propres à diriger la route, et de tout ce qui peut être nécessaire pour imprimer de la vitesse, tels que des avirons, et des canots qui serviront à donner la remorque.

pouvoir porter des vivres, on y fera descendre l'équipage, ainsi que dans les canots, et on abandonnera le bâtiment, en cherchant à gagner la terre la plus à portée.

Quand on échouera loin de terre et qu'on en viendra à vider les caisses à eau, il est bien entendu qu'il faudra en conserver une certaine quantité de pleines pour les besoins de l'équipage; et, s'il fallait s'alléger de nouveau, on viderait alors une partie des pièces à vin, en ne gardant que le strict nécessaire dans lequel on comprendrait l'eau-de-vie. Tout le liquide répandu dans la cale sera rejeté au dehors du bord par les pompes que l'on fera jouer toutes à la fois.

En raison de la grande élasticité du radeau, on devra autant que possible éviter d'employer des clous dans sa construction, parce qu'ils seraient promptement ébranlés et arrachés.

Le commandant, les officiers, les élèves, les maîtres, et en général tous les hommes qui ont de l'autorité à bord, devront être armés afin de maintenir la discipline la plus sévère sur le ras. On mettra toutes les autres armes qui pourront être transportées et des munitions dans des pièces bien fermées; cette précaution est essentielle surtout si la côte où l'on doit aborder est sauvage ou dépend des états barbaresques.

Du Combat.

C'EST dans le combat que l'officier qui commande montrera toute l'énergie, le sang froid et l'habileté dont il est capable, en manœuvrant avec célérité pour profiter des avaries de l'ennemi et prendre une position avantageuse pour lui envoyer des bordées en enfilade, ou l'aborder si le moment favorable se présente. C'est aussi dans le combat qu'il recueillera le fruit de sa persévérence et des soins qu'il a eus pour bien exercer les hommes de son équipage et pour entretenir parmi eux, par sa constante justice et sa fermeté, cet esprit d'ordre et de subordination, sans lequel il n'y a pas de succès possible.

On se prépare au combat par les dispositions prescrites dans l'ordonnance de 1827, qu'on reproduira ici, n'ayant rien de mieux à dire sur ce sujet; et les observations qu'on fera sur les avantages de l'attaque au vent et sous le vent, seront en partie extraites du *Manœuvrier* et de la *Tactique navale.*

Au premier coup de baguette de la générale, le second maître canonnier chargé de la surveillance des soutes à poudre, les ouvrira et allumera les fanaux des puits. Les chefs de pièce, aidés de leurs servants, prépareront leurs pièces.

Deux chefs de pièce de chaque division des batteries, désignés à l'avance, allumeront les mèches, et si c'est pendant la nuit, ils allumeront aussi les fanaux de combat.

Les calfats disposeront les placards et pélardeaux, prépareront les échafauds, et garniront les pompes à incendie et les autres pompes du bâtiment.

Les chirurgiens disposeront tout ce qui concerne le service des blessés.

Le maître d'équipage fera enchaîner les basses vergues, préparer les palans et les pièces de filin de rechange, monter et gréer les grapins d'abordage; des hommes désignés rempliront d'eau les bailles et une embarcation de la drome.

Les seaux à incendie seront placés dans les postes qui auront été désignés.

Les gabiers bosseront chaque écoute de hune et la genoperont à deux endroits, sur la vergue, entre la bosse de point et la poulie de dessous vergue.

Ils genoperont également les balancines des huniers et des perroquets, aux capelages; ils placeront un bourrelet à chaque mât de hune, immédiatement au-dessous de la vergue de hune. Ils mettront un cavillot sur le courant de l'itague des balancines de basse vergue, à deux pieds au-dessous de la poulie de ton de mât, ainsi que sur le courant des grands bras *; ils geneperont les manœuvres sur le bord des hunes ou dans leurs passages, dès que l'engagement commencera, afin qu'elles ne tombent pas sur le pont, si elles venaient à être coupées; mais ils seront attentifs au commandement pour larguer les genopes des manœuvres au moment où elles devront agir. Les manœuvres à genoper seront principalement les cargues des huniers et des perroquets, les drisses des voiles d'étai et des focs; ces derniers seront bossés à la têtière et un gabier se tiendra sur les barres pour larguer les bosses au premier ordre.

Des bosses ou serpenteaux seront également frappés sur les étais et faux étais, ainsi que sur les galhaubans et haubans.

Les cartahus des grapins d'abordage seront passés, mais les grapins ne seront hissés que sur l'ordre du capitaine.

Un gabier recevra du capitaine d'armes les mousquetons, grenades, pistolets et boîtes à étoupilles. La mèche allumée ne sera montée qu'au moment de combattre.

Lorsque le temps le permettra, les embarcations de côté et de poupe seront mises à la mer et filées en arrière du bâtiment; dans le cas contraire, elles seront soigneusement transfilées de manière à en retenir les éclats.

* Il serait essentiel pour le combat de changer les dormants des bras de hune, qui sont à la tête du grand mât de hune et du mât de perroquet de fougue, et de les porter en dessous des hunes, comme ils étaient autrefois. Par ce moyen, on pourrait se préserver d'être désemparé de deux huniers en même temps, si la chute de l'un d'eux avait lieu.

Le premier maître de timonerie fera disposer le porte-voix de combat, les drosses du gouvernail, la barre de combat avec ses palans, les drisses et pavillons de signaux, ainsi que les fanaux, si le combat a lieu pendant la nuit.

Le capitaine d'armes fera distribuer les armes et les cartouches aux hommes à qui elles seront destinées, et il fera placer dans les divers dépôts les armes qui ne devront être prises qu'au moment d'en faire usage.

Il chargera les sous-officiers employés sous ses ordres de délivrer aux gabiers de combat les minutions destinées à l'armement des hunes.

Les caliers disposeront les affûts de rechange et les objets nécessaires pour remonter les canons.

Les charpentiers prépareront la barre de rechange du gouvernail, et ils placeront la barre de combat.

Toutes ces dispositions devront s'exécuter simultanément et le plus promptement possible, ensuite chacun se tiendra en silence à son poste de combat.

Pl. 30

le Vaisseau de 74 canons le Scipion, Capitaine de Grimouard soutient le combat contre les Vaisseaux anglais le London, de 98, et le Torbay, de 74, dans la mer des Antilles, le 17 Octobre 1782.

Pl. 31.

P. C. Cocussé — à Nantes, Lith. de Charpentier père, fils & Cie Éditeurs

Le Vaisseau **le Marengo**, *de 74 canons, monté par le contre amiral Linois commandé par Mr. Vrignault, et la Frégate* **la belle Poule**, *Capitaine Brouillac, Combattant contre le Vaisseau de 110.* **le London**, *et l'Escadre Anglaise, sous les ordres du contre amiral Waren.* (**13 Mars 1806**)

Du Combat à distance.

Lorsqu'on sera à petite portée de canon, il pourra être avantageux de primer l'ennemi, en lui envoyant les premières bordées pointées pour frapper en plein bois ; si elles sont heureuses, elles peuvent causer du désordre dans les batteries, rendre la riposte lente et mal assurée, ce qui donnera le temps de continuer le feu avec succès.

Avec des chefs de pièces habiles à envoyer un coup de canon de loin, on pourra chercher à désemparer l'ennemi lorsqu'on sera à grande portée; mais alors il faudra tirer coup par coup en prenant le temps de bien pointer *.

Lorsqu'on combat au vent, il est plus facile d'aborder l'ennemi quand le moment favorable se présente ; si le vent est frais, la flottaison est moins exposée aux boulets, et dans les batteries on n'est pas autant incommodé par la fumée du canon ; mais si le combat est défavorable, il n'est pas facile de s'en éloigner ; on est plus à découvert sur les gaillards à cause de la bande que donne le bâtiment, et si on démâte, les voiles en tombant sous le vent masquent la batterie. On se sert difficilement de la batterie basse pour peu que le vent soit frais, le service des canons est lent, parce qu'ils retournent au sabord après le recul. Enfin, si on fait chapelle, on tombe sous la volée de l'ennemi dont on peut recevoir plusieurs volées en enfilade.

Lorsqu'on combat sous le vent, on peut plus aisément faire retraite, mais aussi on est plus incommodé par la fumée du canon, qui vous dérobe l'ennemi, et on doit craindre le feu des flamèches qui retombent à bord ; la flottaison, plus élevée au-dessus de l'eau, est plus exposée aux boulets, et si on est très-près avec l'amure sur bord et grand frais de vent, on peut difficilement pointer en plein bois, à cause de la forte bande que donne le bâtiment.

Les combats dont nous allons parler, représentent des faits d'armes glorieux de bâtiments français, qui n'ont pas encore été publiés, et dont les capitaines n'existent plus ou sont en retraite. C'est par ce motif qu'on les citera plus particulièrement que d'autres combats, qui sont aussi honorables, mais dont les capitaines occupent aujourd'hui des postes élevés dans la marine.

* C'est de cette manière que les Américains sont parvenus à combattre avec succès les bâtiments anglais lors de la dernière guerre, et on sait qu'ils se servaient avec avantage d'un quart de cercle pour pointer leurs canons. Connaissant la distance de l'ennemi, ils savaient mathématiquement la hauteur à donner à l'axe de la pièce pour parvenir à l'atteindre par le boulet.

A la fin des notes de l'*Album*, on trouvera la description d'une nouvelle méthode de pointage par le moyen d'un arc de cercle et d'une aiguille fixée au tourillon de la pièce, qui indiqueront avec précision la hauteur à donner à la ligne de mire, pour atteindre à toutes les portées, la distance de l'objet étant connue.

Combat soutenu par le vaisseau le Scipion, *de 74 canons, contre les vaisseaux anglais le* London, *de 98, et le* Torbay, *de 74.* (Pl. 30.)

Le 17 octobre 1782, M. de Grimouard, capitaine de vaisseau, commandant le *Scipion*, se trouvant près de l'île de Porto-Ricco, aux Antilles, eut connaissance, à huit heures du matin, de deux vaisseaux portant sur lui; à dix heures on distingua qu'ils étaient ennemis, et l'on reconnut un trois-pont (le *London*). Le *Scipion* prit chasse en tirant en retraite; on lui répondit par des volées entières, qui ne firent aucun mal. A six heures du soir on n'était plus qu'à la distance d'une encâblure, le *London* sous le vent; le *Scipion* arrivant tout d'un coup, lui lâcha une bordée dans la joue de tribord, qui fut très-meurtrière, et de si près que les deux vaisseaux s'abordèrent de long en long. Le *Scipion* combattit ainsi pendant quelque temps avec avantage ; mais l'ennemi parvint à se dégager, il laissa arriver en présentant la poupe au *Scipion*, qui lui envoya plusieurs bordées en enfilade ; le *London* ne revint au vent pour mettre en panne que lorsqu'il fut hors de portée du canon.

Le *Torbay*, qui n'avait pu tirer pendant l'abordage des deux vaisseaux, fit feu sur le *Scipion* lorsqu'ils furent séparés ; mais ce dernier, malgré ses avaries, put néanmoins atteindre l'île de Saint-Domingue *.

Le 13 mars 1806, combat du vaisseau de 74 le Marengo, *monté par le contre-amiral Linois, commandé par M. Frignault, et de la* Belle-Poule, *de 44, capitaine Brouillac, contre le* London, *de 110 canons, et l'escadre du contre-amiral de Waren, composée de sept vaisseaux et deux frégates, dans le parage des îles Açores.* (Pl. 31.)

Le *Marengo*, après un engagement très-vif, à portée de pistolet, s'est fait abandonner par le *London*, qui cessa son feu en se laissant culer dans

* Extrait de la relation des combats de mer de la guerre maritime de 1778.

l'état le plus déplorable; plusieurs sabords de ses batteries hautes n'en faisaient qu'un seul. Le *Marengo*, désemparé par ce premier combat, ayant perdu une grande partie de son équipage, l'amiral et le capitaine étant blessés très-grièvement, fut joint par le reste de l'escadre ennemie, et ne s'est rendu qu'après avoir encore vaillamment combattu.

Dans le commencement de l'action, la *Belle-Poule* combattait avec le *Marengo*; mais cette frégate ayant eu l'ordre de prendre chasse, elle n'a pu assister à la fin du combat de ce vaisseau; jointe elle-même peu de temps après par la frégate l'*Amazone*, elle a aussi eu l'avantage de se faire abandonner, et ne s'est rendue qu'à deux vaisseaux.

L'histoire de la marine française fournirait plusieurs exemples de vaisseaux de 74 qui ont combattu avec avantage des vaisseaux anglais bien plus forts; on ne peut attribuer ces succès qu'à la force de la batterie basse, qui porte des canons de 36, tandis que les Anglais n'ont que du 32 dans la même batterie.

Pour avoir unité de calibre à bord des vaisseaux, ceux de nouvelle construction porteront des canons et des caronades de 30 dans les batteries e sur les gaillards. Leur force paraît y avoir un peu gagné, puisqu'on lancera au plus, dans toute la bordée d'un vaisseau de 120 canons, 90 kil. d fer; mais il est à craindre cependant qu'on ne retire pas tout l'avantag qu'on se propose de cette grande innovation, parce que la batterie bass des vaisseaux, qui n'est désemparée que très-long-temps après que le batteries hautes ont cessé leur feu, sera bien moins forte; qu'ensuite le vaisseaux de 80 ou 90, qui sont nos meilleurs bâtiments de guerre, perdront à ce changement 3 kil. de fer par chaque caronade des gaillards, e que d'ailleurs le canon de 30 se tourmente beaucoup plus dans le tir qu le canon de 36, dont les excellentes qualités sont prouvées par une longu expérience.

ÉPISODE DU COMBAT DE TRAFALGARD.

Le Vaisseau le Redoutable de 74 canons commandé par Mr Lucas est abordé par les Vaisseaux de 120 le Victory et le Temeraire, l'amiral Nelson a été tué dans cette action mémorable montant le Victory (le 5 Octobre 1805)

Le brick le Palinure de 16 caronades de 24. Capitaine Jance enlève à l'abordage le brick anglais Carnation, de 18 caronades de 32. 3 Octobre 1808.

Pl. 34

La Frégate la Ville de Milan, capitaine Reynaud enlève à l'abordage la Frégate anglaise la Cléopâtre, dans le passage des Iles Bermudes, le 17 février 1805.

Du Combat à l'abordage.

L'ABORDAGE est une manœuvre hardie, qui convient à l'impétuosité du marin français dans le combat. En consultant les annales de la marine, on pourrait citer plusieurs faits d'armes dans lesquels ils ont été victorieux en attaquant de cette manière, toujours avantageuse pour celui qui l'exécutera, par l'influence qu'elle exercera sur le moral de l'équipage, dont la confiance, l'ardeur et le courage redoubleront. Dans ce combat, on perd moins de monde que dans celui à distance; l'affaire est presque toujours décisive, et c'est un moyen certain de rendre la partie égale, lorsqu'on n'a pas de canonniers assez exercés à la mer, pour bien envoyer un coup de canon malgré les mouvements du bâtiment.

Lorsque, par un feu bien nourri de canon et de mousqueterie, on aura fait abandonner les gaillards de l'ennemi, on ne devra pas hésiter d'aborder, en se conformant autant que possible aux principes du *Manœuvrier*, pages 132 et 259, qui sont les mêmes que dans la *Tactique Navale*, à laquelle nous renvoyons également; mais comme il peut survenir des événements imprévus, soit dans la position des bâtiments ou dans leurs avaries, on conçoit que ces principes sont susceptibles de beaucoup de modifications; dans ces circonstances, le succès de l'abordage dépendra toujours du bon jugement, du sang-froid et de l'habileté du capitaine.

Les vaisseaux de nouvelle construction ayant moins de rentrée que les autres, les difficultés qui existaient pour passer à bord de l'ennemi, disparaissent en partie.

Pour avoir plus promptement l'équipage sur le pont, les panneaux devront être nombreux et bien disposés pour le passage des hommes, on y placera des échelles en corde en arrière de celles en bois, pour les remplacer si elles étaient emportées par les boulets; ces échelles seront ployées et relevées en-dessous des ponts, et pourront être facilement mises en place lorsqu'on voudra en faire usage.

Épisode du combat de Trafalgar, donné le 5 octobre 1805. (Pl. 32.)

Le vaisseau le *Redoutable*, de 74 canons, commandé par M. Lucas, capitaine de vaisseau, après avoir soutenu le feu du *Victory*, de 120 canons, monté par l'amiral Nelson, et lui avoir riposté avec vigueur, fut abordé par ce vaisseau, se défendit avec intrépidité, et prit ensuite l'offensive, en jetant des hommes à bord du *Victory*, à la faveur des basses vergues amenées pour servir de ponts. Sans le *Téméraire*, de 120 canons, qui aborda le *Redoutable* par tribord, le *Victory* eût été enlevé; le pavillon français eût flotté sur la poupe du vaisseau amiral anglais, dont les gaillards furent abandonnés après la mort de Nelson.

Le *Redoutable*, canonné en poupe par un vaisseau de 80, a continué le combat avec le *Téméraire* et le *Victory*; enfin, coulant bas, ayant presque tous ses officiers et son équipage hors de combat, accablé par le nombre, et ne pouvant soutenir plus long-temps une lutte aussi inégale, il se rendit.

Le *Redoutable* était un vaisseau parfaitement bien organisé, les exercices s'y faisaient souvent et avec un ensemble rare. L'officier qui commande doit bien se persuader qu'en marine plus qu'en toute autre chose, l'habitude conduit à la perfection, et que l'équipage qu'on aura exercé le plus souvent sera celui qui se montrera le mieux le jour du combat.

Prise du brick anglais Carnation, *de 20 caronades de 32, par le brick le* Palinure, *de 16 caronades de 24, le 3 octobre 1808, étant dans la mer des Antilles.* (Pl. 33.)

Après un engagement très-vif, le capitaine Jance, du *Palinure*, voyant tout le désavantage qu'il aurait à continuer le combat à petite portée, contre un bâtiment beaucoup plus fort, se décida à aborder en mettant le beaupré en avant des grands haubans du *Carnation*, qui fut promptement enlevé par les hommes, qui sautèrent à bord, sabre et pistolet au poing. Le capitaine Jance n'a survécu à sa victoire que quelques heures, il est mort dans un accès de fièvre jaune, dont il était attaqué avant le commencement de l'action. Cette circonstance doit augmenter les regrets.

que laisse la perte de cet officier, dont les talents et le courage donnaient de si belles espérances.

Le 17 février 1805, dans le parage des îles Bermudes, la frégate la Ville-de-Milan, *capitaine Reynaud, enlève à l'abordage la frégate anglaise la* Cléopâtre. (Pl. 34.)

La *Ville-de-Milan*, après avoir combattu sous le vent pendant trois heures, à demi-portée de fusil, sans qu'il y eût aucun avantage bien marqué de part et d'autre, saisit le moment où la *Cléopâtre* vint en ralingue, pour serrer le vent et aborder, 60 hommes sautèrent à bord et s'en emparèrent.

Pendant l'abordage, le capitaine Reynaud fut tué; le second, M. Guillet, eut la cuisse traversée d'une balle, et plusieurs hommes de l'équipage furent tués ou blessés.

Nouvelle Méthode de Pointage pour l'Artillerie des Vaisseaux.

Le pointage des canons, cette partie importante de l'artillerie des vaisseaux, et d'où dépend le succès des combats de mer, laissant beaucoup à désirer, soit qu'on emploie la méthode des tangentes de l'angle de mire, généralement en usage, ou celle des hausses et des fronteaux de mire; on va donner ici la description d'un moyen mécanique simple, pour diriger le tir des pièces et lui assurer plus de précision, en même temps qu'il sera d'une facile conception pour les canonniers marins.

Dans ce qu'on va proposer, on ne tiendra compte de l'inclinaison du bâtiment qu'autant qu'on pourra la supposer constante pendant un certain temps; on fera abstraction des autres mouvements de roulis et de tangage, qui sont si irréguliers qu'il est impossible de les apprécier et d'y remédier, en ce qui concerne la théorie; il faudra, dans ce cas, s'en rapporter à l'expérience des canonniers, quelle que soit la méthode de pointage employée.

Le centre des mouvements d'un canon sur son affût ayant lieu autour de l'axe des tourillons; si par l'extrémité A de cette ligne (*figure* 1, *planche* 2) on fixe solidement une forte aiguille en fer AB, perpendiculairement à la ligne de mire CD; tous les angles formés par cette ligne avec le plan de l'horizon de la mer seront indiqués par le mouvement de cette aiguille, et pourront être comptés sur les degrés d'un secteur en cuivre FE, ayant pour centre l'extrémité de l'axe des tourillons.

Ce mécanisme étant installé, on conçoit facilement que l'on a un moyen d'indiquer avec précision les angles de pointage à donner à la ligne de mire, selon que l'objet que l'on veut atteindre est plus loin ou plus près que le but en blanc; lorsqu'il sera à la portée du but en blanc, où l'on pointe directement selon la ligne de mire CD (*figure* 1), l'aiguille AB sera sur le point zéro, pris pour point de départ des angles de mire. Si l'objet est plus loin (*figure* 2), l'aiguille AB indiquera de combien de degrés il a fallu élever la ligne de mire CD, et s'il est plus près (*figure* 3), de combien de degrés il a fallu l'abaisser. Seulement, ici comme dans toute méthode de pointage, il faudra toujours connaître la distance à laquelle on se trouvera de l'objet.

Le canonnier pointera comme à l'ordinaire, selon la direction de la ligne de mire CD, après que le chef de la batterie lui aura fait connaître la distance de l'objet et le degré d'élévation ou d'abaissement à donner à sa pièce; le chargeur, placé près de l'aiguille, s'assurera si le pointage est bon, il en rendra compte au chef de pièce, ou le fera rectifier s'il était nécessaire.

Le chef de pièce, après avoir donné à la ligne de mire l'élévation nécessaire pour frapper le but dont la distance lui aura été donnée, devra encore saisir, pour envoyer son coup de canon, l'instant où le pont sera horizontal; quand il aura de l'expérience, le seul contact du pied avec le pont le lui indiquera d'une manière suffisante.

Si le bâtiment incline à cause des amures (*figures* 4 *et* 5), un pendule placé dans la batterie indiquera de combien de degrés la pièce doit être abaissée ou élevée, pour que son axe soit ramené à être parallèle au plan de l'horizon de la mer; dans ce cas, le degré du secteur auquel répondra l'aiguille A' B', sera pris pour le nouveau point de départ, ou zéro du secteur, et celui d'où l'on doit compter les angles de mire à donner à la pièce; mais ici le moment d'envoyer le coup de canon, ne sera plus lorsque le pont sera horizontal, mais quand on jugera que l'axe de la pièce sera dans cette position.

Les divisions du secteur EF, en degrés ne seront pas numérotées, il n'y aura que celle du centre indiquée par zéro. Les tables fixeront le nombre de degrés ou de divisions du secteur à donner à la ligne de mire, à droite ou à gauche de l'aiguille AB, pour atteindre la portée demandée.

Par cette méthode de pointage, on a l'avantage de donner l'angle sous lequel la ligne de mire doit être dirigée, pour frapper un but dont la distance est connue, avantage que l'on n'a pas dans la méthode des tangentes, actuellement en usage, et reconnue cependant la meilleure par Churruca; où pour atteindre un objet placé hors du but en blanc, il faut en théorie pointer au-dessus ou au-dessous, d'une quantité égale à la différence entre la tangente de l'angle de mire et l'abaissement du projectile au-dessous de l'axe de la pièce ; ce qui en pratique se réduit à dire au canonnier de pointer plus haut ou plus bas d'un certain nombre de pieds, qu'il faut toujours estimer à vue d'œil, estime qui donne souvent de grandes erreurs *.

Après avoir installé solidement l'aiguille AB au tourillon de la pièce (*figure* 1), et sur le côté de l'affût le secteur en cuivre EF, de 45 centimètres de rayon, on le divisera en 45 parties ou degrés ; 22° à droite et 22° à gauche du milieu ou point zéro, ce qui suffira pour tous les angles à donner à la ligne de mire CD, qui ne peuvent être plus grands que 14 degrés, et pour la plus grande inclinaison sous laquelle le bâtiment puisse combattre.

Dans la construction des affûts, les encastrements des tourillons ayant 6 millimètres de distance de diamètre de plus que ces tourillons, on conçoit qu'il sera nécessaire de remplir ce vide par une garniture en cuivre, pour que l'axe des tourillons soit toujours au centre de l'arc de cercle EF, et qu'il ait le moins de jeu possible, sans nuire aux mouvements de la pièce. Il sera aussi nécessaire que les tourillons soient bien cylindriques et polis, pour rendre le frottement plus doux dans les encastrements.

Le secteur EF pourra être figuré sur le bord, en dessus du sabord, et à côté de chaque degré on écrira la portée de canon qui y est correspondante, par ce moyen le canonnier connaîtra de suite l'angle à donner à la ligne de mire de sa pièce pour atteindre l'ennemi, quelle que soit la distance **.

Pour faire usage de la méthode de pointage qu'on vient de décrire, il n s'agira plus que de faire dresser à terre, des tables indiquant pour tous le calibres la portée moyenne du canon pour chaque degré, jusqu'à 14° droite et à gauche du point zéro du secteur EF.

Les Américains ont fait usage d'une méthode de pointage avec un secteu dans leur dernière guerre avec les Anglais ; mais au lieu d'être rapportée à la ligne de mire, comme on le propose ici, les divisions du secteu l'étaient à l'axe du canon, ce qui complique infiniment le pointage qu ne peut alors s'obtenir sans le secours des hausses.

La méthode de pointage par la hausse et le fronteau de mire seulement, sans l'emploi du secteur, que beaucoup d'officiers désirent voir mettre en usage à l'imitation de plusieurs nations maritimes, ne peut être employée en pratique au delà de la portée de 600 toises à cause de la hauteur gênante qu'il faudrait donner à la hausse ; mais comme il est essentie d'avoir de bons moyens de pointage pour des distances bien plus grande que 600 toises, qui ne sont que le tiers de la portée d'une pièce de gros calibre, afin de pouvoir désemparer l'ennemi avant d'en venir à un combat bord à bord, qui rend toujours la partie égale quel que soit le mérite et l'expérience des canonniers ; la méthode qu'on propose semble bien préférable, puisque sans le secours des hausses, on aura le moyen de pointer d'une manière simple et uniforme depuis la plus petite portée jusqu'à la plus grande.

* Dans les tables de Churruca, traduites par M. Charpentier, on voit qu'à 600 toises, par exemple, avec une pièce de 36 ayant 1° 34' 17" d'angle de mire, il faudrait pointer à 170 pieds au-dessus de l'objet, et qu'à 200 toises, il faudrait pointer à 17 pieds au-dessous, sur la surface de la mer ; c'est-à-dire, sur des points qui seront toujours indéterminés pour le canonnier, surtout dans le combat où la fumée empêche de distinguer constamment l'ennemi.

** Le canonnier ne doit diriger la ligne de mire sur le point à frapper qu'aux deux distances o la trajectoire coupe la ligne de mire ; la première de ses distances pour les gros calibres se trouve à toises environ de la bouche de la pièce, la seconde à 300 toises et s'appelle But en blanc. Pou toutes les portées plus petites que 300 toises, il doit pointer au-dessous, et pour les plus grandes au-dessus du but à frapper.

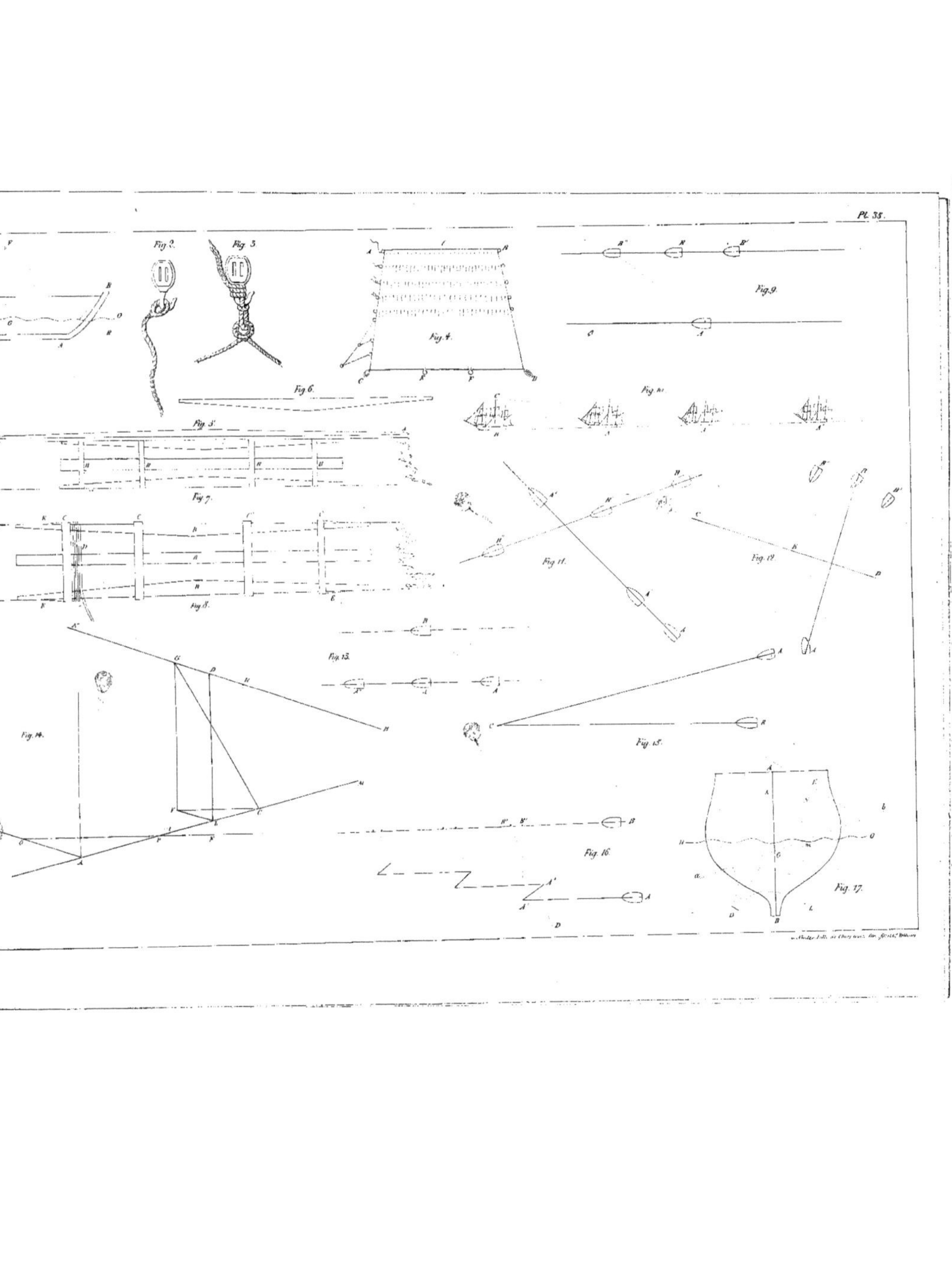

Pl. 38.
Fig. 2.
Fig. 3.
Fig. 4.
Fig. 5.
Fig. 6.
Fig. 7.
Fig. 8.
Fig. 9.
Fig. 10.
Fig. 11.
Fig. 12.
Fig. 13.
Fig. 14.
Fig. 15.
Fig. 16.
Fig. 17.

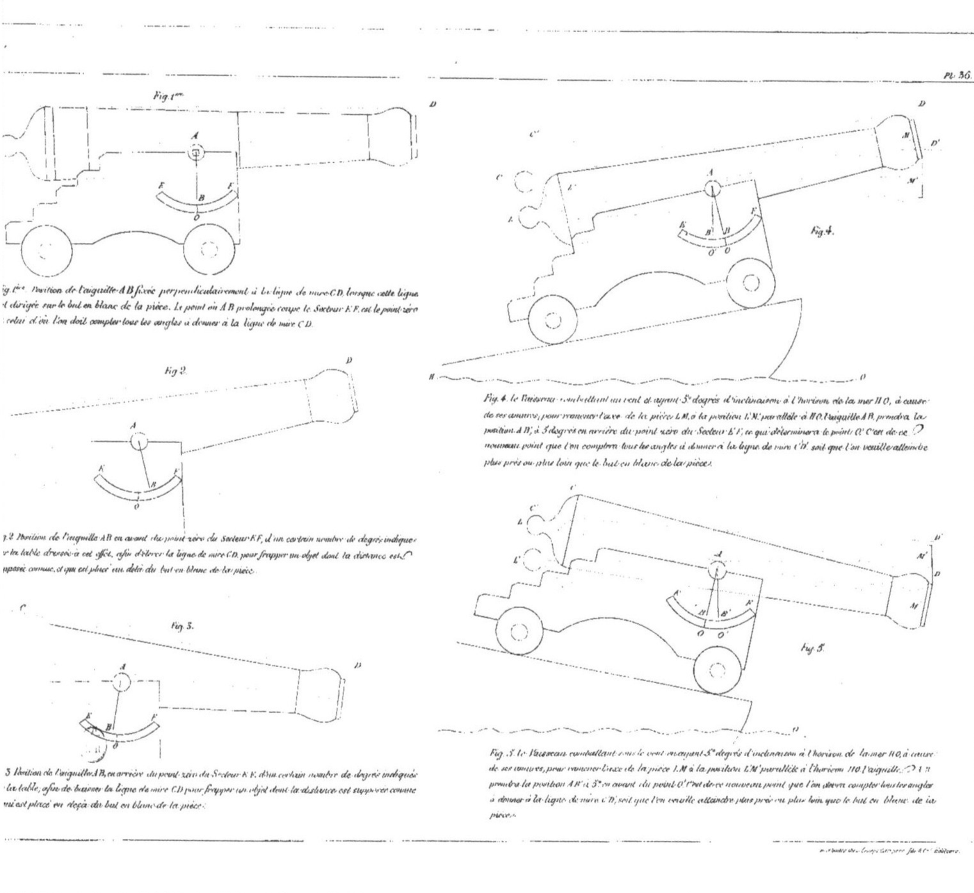

ig. 1.re Position de l'aiguille A B fixée perpendiculairement à la ligne de mire C D, lorsque cette ligne t dirigée sur le but en blanc de la pièce. Le point où A B prolongée coupe le Secteur E F, est le point zéro celui d'où l'on doit compter tous les angles à donner à la ligne de mire C D.

g. 2. Position de l'aiguille A B en avant du point zéro du Secteur E F, d'un certain nombre de degrés indiqués r la table dressée à cet effet, afin d'élever la ligne de mire C D, pour frapper un objet dont la distance est pposée connue, et qui est placé au delà du but en blanc de la pièce.

3. Position de l'aiguille A B, en arrière du point zéro du Secteur E F, d'un certain nombre de degrés indiqués la table, afin de baisser la ligne de mire C D pour frapper un objet dont la distance est supposée connue ui est placé en deçà du but en blanc de la pièce.

Fig. 4. le Vaisseau combattant au vent et ayant 5.e degrés d'inclinaison à l'horizon de la mer H O, à cause de ses amures, pour ramener l'axe de la pièce L M, à la position L'M' parallèle à H O, l'aiguille A B prendra la position A B', à 5 degrés en arrière du point zéro du Secteur E F, ce qui déterminera le point O'. C'est de ce nouveau point que l'on comptera tous les angles à donner à la ligne de mire C'D', soit que l'on veuille atteindre plus près ou plus loin que le but en blanc de la pièce.

Fig. 5. le Vaisseau combattant sous le vent et ayant 5.e degrés d'inclinaison à l'horizon de la mer H O, à cause de ses amures, pour ramener l'axe de la pièce L M à la position L'M' parallèle à l'horizon H O, l'aiguille A B prendra la position A B' à 5.e en avant du point O'. C'est de ce nouveau point que l'on devra compter tous les angles à donner à la ligne de mire C'D', soit que l'on veuille atteindre plus près ou plus loin que le but en blanc de la pièce.

TABLE DES MATIÈRES.

NANTES. — IMPRIMERIE DU COMMERCE.
V. MANGIN ET W. BUSSEUIL

www.ingramcontent.com/pod-product-compliance
Ingram Content Group UK Ltd.
Pitfield, Milton Keynes, MK11 3LW, UK
UKHW021116220726
13924UKWH00004B/1741